Vansh Patel
Sudarshan Rajput
Jaykumar Rajput

Desenvolvimento e validação do método de análise por HPTLC e RP-UHPLC

Vansh Patel
Sudarshan Rajput
Jaykumar Rajput

Desenvolvimento e validação do método de análise por HPTLC e RP-UHPLC

Punarnava em formulação diurética

ScienciaScripts

Imprint

Cover image: www.ingimage.com

This book is a translation from the original published under ISBN 978-3-8484-4829-6.

Publisher:
Sciencia Scripts
is a trademark of
Dodo Books Indian Ocean Ltd. and OmniScriptum S.R.L publishing group

120 High Road, East Finchley, London, N2 9ED, United Kingdom
Str. Armeneasca 28/1, office 1, Chisinau MD-2012, Republic of Moldova, Europe
Managing Directors: Ieva Konstantinova, Victoria Ursu
info@omniscriptum.com

Printed at: see last page
ISBN: 978-620-8-53198-0

Desenvolvimento e validação do método HPTLC e RP-UHPLC para análise Punarnava em formulação diurética

RESUMO

A presente investigação centra-se no desenvolvimento e na validação de dois métodos cromatográficos avançados, a cromatografia em camada fina de alto desempenho (HPTLC) e a cromatografia líquida de ultra alto desempenho em fase inversa (RP-UHPLC), para a análise qualitativa e quantitativa da Punarnava (*Boerhavia diffusa*) em formulações diuréticas. A Punarnava é uma planta medicinal bem conhecida, tradicionalmente utilizada pelas suas propriedades diuréticas. Os métodos foram optimizados para obter uma elevada precisão, exatidão e sensibilidade para a identificação e quantificação de compostos bioactivos em formulações à base de plantas complexas.

No método HPTLC, a separação foi conseguida utilizando gel de sílica como fase estacionária e uma fase móvel. O método HPTLC desenvolvido foi validado em termos de linearidade, precisão e exatidão. Do mesmo modo, o método RP-UHPLC utilizou uma coluna C18 de fase inversa com uma fase móvel gradiente constituída por acetonitrilo e água, conseguindo uma separação óptima dos fitoconstituintes alvo.

Ambos os métodos foram validados de acordo com as diretrizes ICH, demonstrando uma excelente linearidade, sensibilidade, reprodutibilidade e recuperação para os principais marcadores fitoquímicos de Punarnava. A análise comparativa mostrou que a RP-UHPLC proporcionou uma quantificação mais robusta dos compostos bioactivos, enquanto a HPTLC foi eficaz para a avaliação qualitativa e o rastreio preliminar.

Estes métodos validados oferecem ferramentas analíticas fiáveis para a normalização e o controlo da qualidade das formulações diuréticas que contêm Punarnava, garantindo a consistência e a eficácia das preparações farmacêuticas.

RECONHECIMENTO

Quero expressar a minha sincera gratidão a todos os que ajudaram a tornar este livro possível. Acima de tudo, gostaria de agradecer ao meu editor, cujos conselhos e ideias foram cruciais para dar forma a este trabalho. Ao longo do processo de escrita, as suas críticas perspicazes e palavras de apoio inspiraram-me.

Estou igualmente grato à minha equipa de investigação, cuja diligência e empenho lançaram as bases das minhas ideias. Obrigado pelo vosso encorajamento constante e por me incentivarem a pensar mais profundamente.

Gostaria de agradecer especialmente aos meus amigos e à minha família pelo seu apoio inabalável e por acreditarem em mim durante as longas sessões de escrita. Agradeço a vossa paciência e amor mais do que as palavras podem expressar.

Finalmente, quero agradecer aos meus leitores pela sua curiosidade e atenção, que me motivam a partilhar as minhas ideias e experiências. Espero sinceramente que este livro seja tão significativo para vós como o processo de escrita foi para mim.

Estou grato por ter cada um de vós como parte desta viagem.

- Vansh Patel
- Sudarshan Rajput
- Jaykumar

DEDICAÇÃO

Carinhosamente dedicado a

A minha mãe e o meu pai,

Cujo afeto e amor são infinitos.

O Deus,

Que está sempre comigo na adversidade e na prosperidade.

O Guia,

A quem ficarei grato por ter dado uma nova forma e um novo rumo à minha vida.

ÍNDICE DE CONTEÚDO

CAPÍTULO 1 INTRODUÇÃO 5

CAPÍTULO 2: PESQUISA BIBLIOGRÁFICA 24

CAPÍTULO 3 OBJECTIVO E FINALIDADE 31

CAPÍTULO 4 PERFIL DAS FORMULAÇÕES COMERCIALIZADAS 33

CAPÍTULO 5 MATERIAL E MÉTODOS 35

CAPÍTULO 6 RESULTADOS E DISCUSSÃO 47

CAPÍTULO 7 RESUMO E CONCLUSÃO 69

CAPÍTULO 8 REFERÊNCIAS 71

CAPÍTULO 1 INTRODUÇÃO

A medicina tradicional, tal como definida pela Organização Mundial de Saúde (OMS), inclui práticas terapêuticas anteriores à medicina moderna, frequentemente utilizadas durante séculos. Sintetiza as experiências terapêuticas de gerações de médicos indígenas. Estas preparações envolvem plantas medicinais, minerais e matéria orgânica, com provas que remontam a 5000 anos em textos indianos, chineses, egípcios, gregos, romanos e sírios. Os textos clássicos indianos incluem o Rigveda, Atharvaveda, Charak Samhita e Sushruta Samhita. Derivados de civilizações antigas, os medicamentos à base de plantas representam um rico património científico (Kingston et al., 2007; Savithramma et al., 2012; Rana e Samant, 2011).

Os remédios à base de plantas e as medicinas alternativas serviram durante muito tempo como base para muitos medicamentos modernos. As plantas eram inicialmente utilizadas em formas brutas, como chás, pomadas e pós. A análise do solo à volta de restos mortais humanos revelou elevadas concentrações de pólen de oito espécies, sete das quais ainda são utilizadas medicinalmente. Com o avanço da química, foram isolados compostos activos destas plantas e alguns foram reproduzidos como medicamentos sintéticos. No entanto, nem todos os medicamentos podem ser sintetizados, o que torna os medicamentos à base de plantas cruciais. Atualmente, as substâncias derivadas de plantas continuam a ser vitais, com 25% das prescrições modernas a conterem ingredientes à base de plantas para o tratamento de doenças como as cardíacas, a asma e a dor. (Aslam et al., 2014; Barla, 2016; Nguyen et al., 2020).

No passado, os vaidyas personalizavam os tratamentos, preparando remédios para pacientes individuais. Hoje em dia, a produção de medicamentos à base de plantas em grande escala enfrenta desafios como a qualidade da matéria-prima, a autenticação, a padronização e o controlo de qualidade (Aati et al., 2019; Sughosh et al., 2017).

1.1 Formulações à base de plantas

Uma formulação poli-herbácea combina vários medicamentos à base de plantas com diversas acções farmacológicas. Devido aos numerosos constituintes químicos, são comuns variações de lote para lote.

Há uma crescente consciencialização e aceitação dos medicamentos à base de plantas na medicina moderna. Apesar da sua utilização generalizada - mais de 80% da população mundial depende de produtos à base de plantas - o aumento da procura conduziu a abusos, adulterações e, por vezes, a consequências fatais. Esta análise destaca a necessidade urgente de as partes interessadas estabelecerem e implementarem normas de qualidade para a recolha, manuseamento, processamento e produção de medicamentos à base de plantas, garantindo a segurança no mercado global de plantas.

A Organização Mundial de Saúde (OMS) reconhece a importância das plantas medicinais nos cuidados de saúde públicos dos países em desenvolvimento, fornecendo diretrizes para as políticas nacionais em matéria de avaliação, segurança e eficácia da medicina tradicional.

1.1.1 Formulação única à base de plantas versus formulação poli-herbácea

A formulação de medicamentos ayurvédicos assenta em dois princípios: a utilização de medicamentos únicos e de formulações poli-herbais (PHF), que combinam várias ervas medicinais para aumentar a eficácia terapêutica. O antigo texto "Sarangdhar Samhita", que remonta a 1300 d.C., sublinha o poli-herbalismo neste sistema de medicina tradicional indiana (Arvindekar e Laddha, 2015). Embora as plantas individuais contenham constituintes fitoquímicos activos estabelecidos, as suas quantidades ínfimas ficam frequentemente aquém dos efeitos terapêuticos desejados. Estudos científicos indicam que a combinação de plantas de potências variáveis pode produzir resultados superiores aos da utilização individual, um fenómeno conhecido como sinergismo, em que certas acções farmacológicas só são significativas quando potenciadas por outras plantas.

Exemplos de combinações de ervas *ayurvédicas*:

- A combinação de gengibre com pimenta preta e pimenta longa aumenta os seus efeitos de aquecimento e de redução das mucosas
- As ervas amargas e frias são combinadas com ervas mais quentes - combinação de neem e gengibre para compensar positivamente quaisquer efeitos extremos.
- Os cominhos, a pimenta preta e a asafoetida são tradicionalmente utilizados em conjunto para reduzir o inchaço devido a uma digestão fraca;
- A combinação de Guduchi e curcuma reforça a imunidade.

O sinergismo ocorre através de dois mecanismos: o sinergismo farmacocinético melhora a absorção, a distribuição, o metabolismo e a eliminação das ervas, enquanto o sinergismo farmacodinâmico envolve constituintes activos que visam receptores ou sistemas fisiológicos semelhantes (Katekhaye et al., 2011, 2012; Shinde e Laddha, 2014).

Alguns dos benefícios do sinergismo e do poli-herbalismo

- Dose mais baixa da preparação à base de plantas necessária para atingir a ação farmacológica desejável,
- Reduzir o risco de efeitos secundários deletérios.

- Conveniência para os pacientes, eliminando a necessidade de tomar mais do que uma formulação única de ervas diferente de cada vez, o que indiretamente leva a uma melhor adesão e efeito terapêutico.

A normalização é crucial para as formulações poli-herbáceas para avaliar a qualidade dos medicamentos com base nas concentrações dos princípios activos. A variabilidade dos materiais vegetais, influenciada pelas épocas de recolha e localizações geográficas, exige um sistema de normalização robusto para cada medicamento à base de plantas, a fim de garantir efeitos terapêuticos consistentes (Arvindekar e Laddha, 2015).

1.2 analítica

A química analítica é uma disciplina científica centrada no desenvolvimento de métodos, instrumentos e estratégias para analisar a composição e as propriedades da matéria. É essencial para a caraterização de substâncias com aplicações farmacêuticas. Compreender a composição química de várias substâncias tem impacto na nossa vida quotidiana, uma vez que a química analítica é vital em muitos domínios, incluindo a agricultura, a investigação clínica, as ciências ambientais, a ciência forense, a indústria transformadora, a metalurgia e os produtos farmacêuticos.

A abordagem do químico analítico envolve várias etapas: definição do objetivo da análise, compreensão da amostra, realização de pesquisas bibliográficas, planeamento de acções e execução de análises. Para a análise, são utilizados vários métodos analíticos, tais como espectroscópicos (UV-visível, infravermelho, massa, RMN, absorvância) e cromatográficos (cromatografia líquida de alta eficiência, cromatografia gasosa, cromatografia de permeação em gel). A garantia da formulação do medicamento ayurvédico baseia-se em dois princípios: a utilização de medicamentos únicos e de formulações poli-herbais (PHF), que combinam várias ervas medicinais para aumentar a eficácia terapêutica. O texto antigo "Sarangdhar Samhita", que remonta a 1300 d.C., sublinha o poli-herbalismo neste sistema de medicina tradicional indiana (Arvindekar e Laddha, 2015). Embora as plantas individuais contenham constituintes fitoquímicos activos estabelecidos, as suas quantidades ínfimas ficam frequentemente aquém dos efeitos terapêuticos desejados. Estudos científicos indicam que a combinação de plantas de diferentes potências pode produzir melhores resultados do que o uso individual, um fenómeno conhecido como sinergismo, em que certas acções farmacológicas só são significativas quando potenciadas por outras plantas.A qualidade dos medicamentos fabricados - seja em forma de comprimido, solução ou emulsão - é crucial na indústria farmacêutica. Para além disso, a determinação das propriedades e do valor terapêutico de um medicamento é essencial antes da sua aprovação para utilização pelos doentes.

1.2.1 Seleção do método analítico

O primeiro passo no desenvolvimento de um método consiste em definir a medição e a exatidão necessária. Sem múltiplos métodos de avaliação da qualidade, a validação pode carecer de eficácia.

O método selecionado deve ter os seguintes parâmetros:

I. Tão simples quanto possível
II. Mais específico
III. Mais produtivo, económico e conveniente
IV. Tão exato e preciso quanto necessário
V. Devem ser evitadas fontes múltiplas de componentes-chave (reagentes, colunas, placas TLC)

Antes de serem transferidos para validação, os métodos analíticos têm de ser totalmente optimizados em termos de caraterísticas como exatidão, precisão, sensibilidade e robustez. Vários métodos analíticos, tanto clássicos como instrumentais, são utilizados por rotina para analisar amostras de medicamentos a granel, formulações e fluidos biológicos. Os métodos instrumentais, como a espetrofotometria, HPLC, GC e HPTLC, oferecem maior simplicidade, precisão e reprodutibilidade em comparação com os métodos clássicos. Estas técnicas avançadas são amplamente utilizadas para garantir a qualidade e a quantidade das matérias-primas e dos produtos acabados (Mendum et al., 2004).

1.3 Cromatografia

(Katz, 2019; Skoog et al., 2015; Connors, 2019; Beckett e Stenlake, 2009; Heftman, 2014)

Em 1906, o cientista russo Michael Tswett definiu a cromatografia como um método de separação de componentes de misturas utilizando uma coluna adsorvente num sistema em fluxo. Mais tarde, a IUPAC aperfeiçoou a definição, descrevendo a cromatografia como a separação dos componentes da amostra distribuídos entre uma fase estacionária (sólida, líquida ou gel) e uma fase móvel (gás ou líquido). A separação ocorre através de mecanismos como a adsorção, a partição, a troca iónica ou a exclusão de tamanho.

1.3.1 Cromatografia de adsorção: A fase estacionária é um sólido; a fase móvel que contém os solutos dissolvidos passa sobre a superfície da fase estacionária.

1.3.2 Cromatografia de partição:

A cromatografia de partição envolve a distribuição termodinâmica entre duas fases semelhantes a líquidos. Com base nas polaridades das fases estacionária e móvel, é classificada em cromatografia de fase normal e cromatografia de fase inversa.

1.3.3 Cromatografia de permuta iónica: Envolve uma fase estacionária sólida com grupos aniónicos ou catiónicos na superfície, para a qual são atraídas moléculas de soluto com cargas opostas.

1.3.4 Cromatografia de exclusão de tamanho (cromatografia em gel): Na cromatografia de exclusão de tamanho, uma fase estacionária sólida com tamanho de poro controlado separa os solutos por tamanho molecular, sendo as moléculas maiores eluídas primeiro.

1.3.5 Cromatografia de afinidade: Na separação cromatográfica, um ligando específico, como um anticorpo, é ligado a uma fase estacionária inerte para uma separação altamente selectiva. Os solutos que contêm uma molécula, como um antigénio, ligam-se ao ligando, permitindo a sua retenção. A HPLC e a HPTLC são amplamente utilizadas na análise farmacêutica pela sua precisão, exatidão e reprodutibilidade.

1.4 HPTLC

(Stahl, 2012; Renger et al., 2011; Ferenczi-Fodor et al., 2020; Sharma, 2012; Conners, 2010; Beckett e Stenlake, 2009)

A HPTLC, uma forma avançada de cromatografia em camada fina (TLC), funciona segundo o mesmo princípio, em que as substâncias são separadas com base na migração diferencial através de duas fases em placas especializadas. Amplamente utilizada para análises qualitativas e quantitativas, a HPTLC é versátil em diversas aplicações. Por conseguinte, os requisitos de validação devem ser adaptados às necessidades específicas. Embora a HPLC domine os ensaios farmacêuticos e os testes de pureza, as técnicas de cromatografia plana, como a TLC e a HPTLC, continuam a ser valiosas, especialmente para amostras complexas. Nos mercados emergentes, como a Índia, laboratórios bem equipados efectuam rotineiramente TLC/HPTLC densitométrico quantitativo com pessoal qualificado e treinado.

1.4.1 Etapas envolvidas na HPTLC

As várias etapas envolvidas na TLC/HPTLC/cromatografia plana. São elas

1.4.1.1 Seleção das placas TLC/HPTLC e do adsorvente

1.4.1.2 Ativação de placas pré-revestidas

1.4.1.3 Preparação da amostra

1.4.1.4 Aplicação de amostra

1.4.1.5 Pré-condicionamento (saturação da câmara)

1.4.1.6 Fase móvel

1.4.1.7 Desenvolvimento cromatográfico

1.4.1.8 Deteção de manchas

1.4.1.9 Digitalização e documentação

1.4.1.1 Seleção das placas TLC/HPTLC e do adsorvente

Placas pré-revestidas normalmente disponíveis e respectivas aplicações

Prato	Tipo de analito
Camadas de sílica gel 60 GF	A maioria dos medicamentos
Camadas de fase invertida (RP-2, RP-8, RP-18)	Lípidos, aromáticos, fármacos básicos e analitos ácidos
Celulose e Keiselguhr	Aminoácidos e açúcares
Óxido de alumínio	Medicamentos de base

1.4.1.2 Ativação de placas pré-revestidas

As placas HPTLC geralmente não precisam de ser activadas quando acabam de ser abertas. No entanto, se forem expostas à humidade, devem ser activadas por aquecimento a 110-120°C durante 30 minutos.

1.4.1.3 Preparação da amostra

Na cromatografia de fase normal com placas de sílica gel/alumina, são utilizados solventes voláteis não polares, enquanto que na cromatografia de fase inversa são preferidos os solventes polares.

1.4.1.4 Aplicação de amostra

Para uma resolução óptima em HPTLC, a aplicação de 1,0 a 5,0 µL de amostra e padrão utilizando um aplicador Linomat garante resultados uniformes e fiáveis.

1.4.1.5 Pré-condicionamento (saturação da câmara)

A fase móvel afecta significativamente a separação da amostra. A saturação é desnecessária para fases de baixa polaridade, mas essencial para fases móveis altamente polares, particularmente na cromatografia de fase inversa.

1.4.1.6 Fase móvel

A escolha da fase móvel adequada envolve tentativa e erro, considerando as propriedades do soluto e do solvente, a solubilidade da substância a analisar e a experiência do analista com o processo.

1.4.1.7 Desenvolvimento cromatográfico

Podem ser utilizados diferentes métodos de desenvolvimento cromatográfico, como o ascendente e o descendente. Para a HPTLC, é suficiente uma distância de migração de 5-6 mm, e os modificadores orgânicos podem reduzir o arrastamento e a difusão das bandas.

1.4.1.8 Deteção de manchas

A deteção após a revelação pode ser conseguida utilizando vapor de iodo numa câmara de iodo ou por inspeção visual sob luz UV a 254 nm.

1.4.1.9 Digitalização e documentação

As placas HPTLC desenvolvidas são analisadas com comprimentos de onda UV selecionados, convertendo as manchas detectadas em picos apresentados num computador. A altura e a área do pico estão correlacionadas com a concentração da substância e as medições são registadas como percentagens.

Factores que influenciam a separação TLC/HPTLC e a resolução de manchas

- Tipo de fase estacionária (sorvente)
- Tipo de placas pré-revestidas (TLC/HPTL(
- Espessura da camada
- Aglutinante em camada
- Fase móvel (sistema de solventes)
- Dimensão da câmara de revelação
- Saturação da câmara (pré-equilíbrio)
- Modo de desenvolvimento
- Volume da amostra a ser detectada
- Pureza do solvente
- Nível de solvente na câmara
- Humidade relativa
- Temperatura
- Caudal de solvente
- Distância de separação

1.5 Validação do método

Definição de acordo com a USFDA

"Validação significa estabelecer provas documentadas que proporcionem um elevado grau de garantia de que um processo específico produzirá, de forma consistente, um produto que cumpre as suas especificações e atributos de qualidade pré-determinados". A validação do método de ensaio analítico é concluída para garantir que uma metodologia analítica é exacta, específica, linear e robusta.

Quando um método é desenvolvido, é importante validá-lo para confirmar que é adequado para o fim a que se destina. A Conferência Internacional sobre Harmonização (ICH) forneceu definições de questões de validação incluídas em "procedimentos analíticos" para os domínios da metodologia bioanalítica, procedimentos farmacêuticos e biotecnológicos. Do mesmo modo, a Farmacopeia dos EUA (USP) publicou diretrizes para a validação de métodos analíticos para produtos farmacêuticos. As caraterísticas de validação mais amplamente aplicadas são a exatidão, a precisão, a especificidade, o limite de deteção, o limite de quantificação, a linearidade, a gama e a robustez.

15.1 Exatidão

A exatidão de um procedimento analítico reflecte a concordância entre o valor encontrado e um valor verdadeiro ou de referência aceite, frequentemente designado por veracidade.

1.5.2 Precisão

A precisão de um procedimento analítico indica o grau de concordância entre múltiplas medições da mesma amostra homogénea em condições especificadas. Pode ser avaliada a três níveis: repetibilidade, precisão intermédia e reprodutibilidade. A precisão é normalmente expressa como variância, desvio padrão ou coeficiente de variação das medições.

1.5.2.1 Repetibilidade

A repetibilidade exprime a precisão nas mesmas condições de funcionamento durante um curto intervalo de tempo. A repetibilidade é também designada por precisão intra-ensaio.

1.5.2.2 Precisão intermédia

A precisão intermédia exprime as variações no interior dos laboratórios: dias diferentes, analistas diferentes, equipamentos diferentes, etc.

1.5.2.3 Reprodutibilidade

A reprodutibilidade exprime a precisão entre laboratórios (estudos colaborativos, geralmente aplicados à normalização da metodologia).

1.5.3 Limite de deteção

O limite de deteção de um procedimento analítico individual é a quantidade mais baixa de analito numa amostra que pode ser detectada, mas não necessariamente quantificada como um valor exato.

1.5.4 Limite de quantificação

O limite de quantificação de um procedimento analítico é a quantidade mais baixa de analito que pode ser determinada com exatidão e precisão, especialmente para avaliar impurezas e produtos de degradação em matrizes de amostras.

1.5.5 Linearidade

A linearidade refere-se à capacidade de um procedimento analítico produzir resultados proporcionais à concentração do analito.

1.5.6 Gama

A gama de um procedimento analítico é o intervalo entre as concentrações superior e inferior do analito que demonstram uma precisão, exatidão e linearidade adequadas.

1.5.7 Robustez

A robustez mede a capacidade de um procedimento analítico não ser afetado por pequenas variações deliberadas dos parâmetros do método.

1.5.8 Robustez

A robustez de um método analítico indica a reprodutibilidade dos resultados dos testes ao analisar as mesmas amostras em várias condições, tais como diferentes laboratórios, analistas, instrumentos e reagentes. Reflecte a estabilidade do método face às variações operacionais e ambientais tipicamente encontradas em ambientes laboratoriais.

De acordo com as diretrizes da ICH, os tipos de procedimentos analíticos a validar são os seguintes

Tipo de procedimento analítico	**Identificação**	**Testes de impurezas**		**Ensaio - dissolução (apenas medição) - conteúdo/potência**
caraterísticas		**quantitativo**	**Limite**	
Exatidão	-	+	-	+
Precisão Repetibilidade Precisão intermédia	- -	+ + (1)	- -	+ + (1)
Especificidade (2)	+	+	+	+
Limite de deteção	-	- (3)	+	-
Limite de quantificação	-	+	-	-
Linearidade	-	+	-	+
Gama	-	+	-	+

- Significa que esta caraterística não é normalmente avaliada

\+ Significa que essa caraterística é avaliada normalmente

(1) Nos casos em que a reprodutibilidade tenha sido efectuada, a precisão intermédia não é necessária

(2) A falta de especificidade de um procedimento analítico pode ser compensada por outro(s) procedimento(s) analítico(s) de apoio

(3) Pode ser necessário em alguns casos

1.6 Teste de adequação do sistema

Os ensaios de adequação do sistema baseiam-se no conceito de que o equipamento, a eletrónica, as operações analíticas e as amostras constituem um sistema integral que pode ser avaliado. Os pormenores sobre a adequação do sistema são apresentados no quadro seguinte.

Tabela 1.1: Adequação do sistema e recomendação:

N.º Sr.	Parâmetro	Recomendação
1	Fator de capacidade (k')	O pico deve ser bem resolvido em relação a outros picos e o volume de vazios, geralmente k' > 2,0
2	Repetibilidade	É desejável um RSD ≤ 1 % para N≥ 5
3	Retenção relativa	Não é essencial, desde que a resolução seja indicada
4	Resolução (Rs)	Rs de > 2 entre o pico de interesse e a interferência potencial de eluição mais próxima (impureza, excipiente, produto de degradação, padrão interno, etc.)
5	Fator de cauda (T)	T de ≤ 2
6	Teórico placas (N)	Em geral, deve ser > 2000

1.7 Cromatografia líquida de alta eficiência

A Cromatografia Líquida de Alta Eficiência (HPLC) é uma técnica analítica utilizada para separar, quantificar e analisar componentes em misturas químicas. As amostras são introduzidas num percurso de fluxo de solvente e passam através de uma coluna cheia de materiais especializados para separação. Um mecanismo de deteção, associado a um sistema de registo de dados, capta os dados dos componentes (Sethi, 2011; Scott, 2011; Gary, 2011)

Um sistema moderno de HPLC inclui um sistema de distribuição de solventes a alta pressão, um auto-injetor de amostras, uma coluna de separação e um detetor (normalmente UV ou DAD). Pode também incluir um forno com temperatura controlada e uma pré-coluna para proteção contra impurezas. A separação ocorre no interior da coluna, preenchida com partículas de sílica de 3,5-10 µm quimicamente modificadas. A fase móvel, bombeada através da coluna, interage com as substâncias a analisar com base nas suas propriedades químicas, tornando a escolha das fases estacionária e móvel crucial para uma separação eficaz. O tempo e o volume de retenção são influenciados por factores como o caudal, o comprimento e o diâmetro da coluna, descritos pelo rácio de capacidade da coluna (k).

Tempo de retenção, tempo de vazio (t_0), altura do pico (h) e largura do pico (w_b)

O tempo de retenção (tr) é o intervalo entre a injeção da amostra e o pico máximo, enquanto o tempo de vazio (t0), também conhecido como tempo de retenção, se refere ao tempo despendido por qualquer componente na fase móvel. O tempo de retenção ajustado (t'r) é calculado como t'r = tr - t0. O pico do soluto é caracterizado pela largura do pico (medida na base, wb, ou a meia altura, w1/2) e pela altura do pico (h).

As tangentes traçadas a partir dos pontos de inflexão mais acentuados de um pico interceptam a linha de base à distância wb. A área do pico é aproximadamente 1/2(wb × h). A largura a meia altura (w1/2) é normalmente utilizada para calcular a eficiência da coluna e quantificar as quantidades de analito.

Volume de retenção, volume vazio e volume de pico

O volume de retenção (V_r) é o volume de fase móvel necessário para eluir a substância a analisar com um determinado caudal (F).

Volume de retenção, $V_r = t_r F$. .... (01)

Volume de vazio, $V_m = t_m F$ .... (02)

O volume vazio (V_m) é o volume total da fase móvel líquida contida na coluna (também designado por volume de retenção). É o volume da coluna vazia [V_c] menos o volume do enchimento sólido. Para a maioria das colunas, o volume vazio pode ser estimado pela equação,

$V_m = 0{,}65V_c = 0.65\pi r^2 L$ .... (03)

em que r é o raio interior da coluna e L é o comprimento da coluna. O volume do pico, também designado por largura de banda, é o volume da fase móvel que contém o pico eluído

Volume de pico $= W_b F$ .... (04)

1.7.1 Fator de retenção

O fator de retenção (k) é o grau de retenção do componente da amostra na coluna. k é definido como o tempo que o soluto reside na fase estacionária t'_r em relação ao tempo que reside na fase móvel (t_m).

Retention factor, $k = t'_r / t_m = t_r - t_m/t_{(m)}$ .... (05) Rearranjando a equação acima,

$t_r = t_m + t_m k = t_m(1 + k)$ ....(06)

k > 20 indica que o componente é altamente retido. Na maioria das análises, as substâncias a analisar eluem com k entre 1 e 20, de modo a terem oportunidade suficiente para interagir com a fase estacionária, resultando numa migração diferencial. As substâncias analíticas que eluem com k > 20 são difíceis de detetar devido ao alargamento excessivo da banda.

A cromatografia é um método de separação baseado na termodinâmica, em que cada componente da amostra é distribuído entre a fase móvel e a fase estacionária.

$$X_m \leftrightarrow X_s \text{ Partition coefficient, } K = \frac{X_s}{X_m} \quad \text{..........(07)}$$

em que [Xm] e [Xs] são as concentrações da substância a analisar X na fase móvel e na fase estacionária, respetivamente. A distribuição da substância a analisar X é regida pelo coeficiente de partição, K. k também pode ser descrito pelo rácio do número total de moles de substâncias a analisar em cada fase.

Retention factor,

$$k = \frac{\text{Moles of X in stationary phse}}{\text{Moles of X in mobile phase}} = \frac{[X_s]}{[X_m]}\frac{V_s}{V_M} = K\frac{V_s}{V_M} \text{......... (08)}$$

Em que V_s é o volume da fase estacionária e V_m é o volume da fase móvel na coluna ou o volume vazio.

1.7.2 Fator de separação (α)

O fator de separação ou seletividade é uma medida da retenção relativa k'_2/k'_1 de dois componentes da amostra. A seletividade deve ser >1,0 para a separação dos picos

$$\alpha = t_2 - t_m/t_1 - t_m = k'_2/k'_1 \text{.......... (09)}$$

O fator de separação ou seletividade é uma medida da retenção relativa k'_2/k'_1 de dois componentes da amostra. A seletividade deve ser >1,0 para a separação dos picos

$$\alpha = t_2 - t_m/t_1 - t_m = k'_2/k'_1 \text{.......... (09)}$$

Eficiência da coluna e número de placas

Uma coluna eficiente produz picos nítidos, de forma gaussiana, que separam os componentes rapidamente. No entanto, os picos alargam-se com o tempo, e o número de placa (N) mede a eficiência da coluna.

$$\text{Number of therotical plates, } N = \left(\frac{t_R}{\sigma}\right)^2 = \left(\frac{4t_R}{W_b}\right)^2 = 16\left(\frac{t_R}{W_b}\right)^2 \text{......... (10)}$$

Altura equivalente a uma placa teórica ou altura da placa

A altura equivalente a um prato teórico (HETP ou H) é calculada como o comprimento da coluna (L) dividido pelo número de pratos (N). Na HPLC, os diâmetros mais pequenos das partículas de enchimento (dp) aumentam a eficiência e aumentam o número de pratos, sendo H aproximadamente igual a 2,5dp.

$$\text{HETP, } H = \frac{L}{N} \quad \text{..........(11)}$$

1.7.3 Resolução

A resolução (Rs) mede a separação de duas substâncias a analisar adjacentes, definida como a diferença nos tempos de retenção dividida pela largura média do pico, sendo necessários valores superiores a 0,8 para uma quantificação exacta.

$$Resolution, R = \frac{t_{R2} - t_{R1}}{\frac{W_{b1} + W_{b2}}{2}} = \frac{\Delta t_R}{W_b} \text{..........} (12)$$

Simetria do pico - Fator de assimetria (A_s) e Fator de cauda (T_f)

Idealmente, os picos cromatográficos apresentam formas gaussianas e uma simetria perfeita. No entanto, muitos são assimétricos, caracterizados por fronting ou tailing, com o fator de assimetria (As) medido a 10% da altura do pico (W0.1).

Tf, calculado utilizando a largura do pico a 5% da altura do pico (W0.05), indica a simetria do pico: Tf = 1,0 para uma simetria perfeita, Tf > 2 para picos de cauda, frequentemente causados por adsorção ou alargamento de banda extra-coluna. A formação de picos frontais resulta da sobrecarga da coluna ou de reacções químicas.

1.8 Desenvolvimento de métodos de HPLC

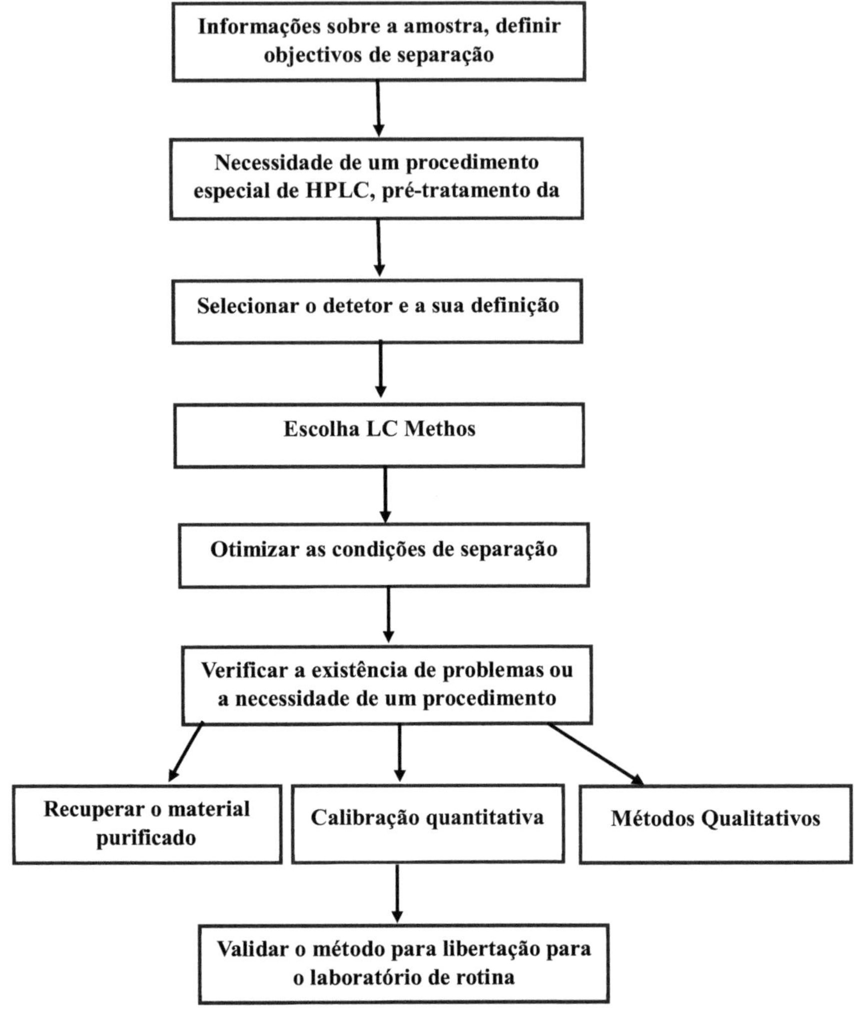

Diagrama de fluxo: Etapas do desenvolvimento de um método de HPLC

Considerações sobre o desenvolvimento do método

As etapas iniciais do desenvolvimento do método envolvem a recolha de informações completas sobre a substância a analisar, incluindo as suas propriedades físico-químicas (como pKa, log P e solubilidade), e a seleção de um modo de deteção apropriado, como a identificação do comprimento de onda adequado para a deteção por UV (ver Fig. 4). As técnicas de preparação da amostra, incluindo a centrifugação, a filtração e a sonicação, juntamente com a escolha do diluente, são fundamentais, pois podem ter um impacto significativo na cromatografia e na recuperação do analito. A avaliação da estabilidade da solução no diluente escolhido é também essencial durante o desenvolvimento inicial do método.

Para analitos neutros, o pH do eluente não influencia a retenção. O pH ótimo para o desenvolvimento do método deve estar pelo menos 1-2 unidades afastado do pKa da substância a analisar na mistura hidro-orgânica. Em experiências isocráticas, a variação do pH da fase aquosa permite monitorizar a retenção em função das alterações de pH. Quando as substâncias a analisar possuem locais de ionização ácidos e básicos, os efeitos concorrentes podem influenciar a retenção devido a equilíbrios de ionização múltiplos, tornando a retenção dependente das caraterísticas hidrofóbicas das espécies presentes num determinado pH.

A avaliação da solubilidade de um composto medicamentoso é crucial para qualquer programa de seleção de sais. A formação de sais permite a modificação das propriedades físico-químicas e biológicas de um fármaco sem alterar a sua estrutura química. Geralmente, a formação de sais aumenta a solubilidade do composto, e o analito deve ser solúvel no diluente sem reagir com os seus componentes. É também vital determinar se as impurezas observadas provêm da síntese ou se formam in situ no diluente.

O diluente deve corresponder exatamente à composição do eluente inicial para evitar a distorção do pico, especialmente para os componentes que eluem mais cedo. Esta distorção ocorre frequentemente com compostos ou impurezas que eluem a $k < 2$. Se a substância a analisar for mais solúvel no diluente do que no eluente inicial, pode permanecer no "tampão de solvente", conduzindo à formação de picos frontais ou oblíquos.

A solvatação da substância a analisar pelo diluente e pela fase móvel também pode contribuir para a distorção dos picos. Por exemplo, uma substância a analisar ionizada pode eluir cedo numa coluna C18; no entanto, se for solvatada com metanol na fase móvel, pode formar um invólucro hidrofóbico que aumenta a retenção no adsorvente de fase reversa. O acetonitrilo elui geralmente analitos ácidos de forma mais eficiente do que o metanol, devido ao seu maior poder de eluição, enquanto pode ocorrer distorção do pico quando a retenção do analito se aproxima da do modificador orgânico.

A consideração dos métodos de deteção inclui várias opções, como UV, fluorescência, deteção eletroquímica, dispersão de luz, índice de refração (RI), deteção por ionização de chama (FID), deteção por dispersão de luz evaporativa (ELSD), deteção de aerossóis corona (CAD) e espetrometria de massa (MS). A indústria farmacêutica utiliza predominantemente a deteção UV para o desenvolvimento de métodos de HPLC de fase reversa e de fase normal (Sharma, 2012; Willwrd et al., 1986; Kasture et al., 1996).

Os tampões selecionados devem manter uma boa capacidade de tamponamento no pH da fase móvel especificado, com uma concentração mínima de 10 mM para suprimir efeitos indesejáveis de solvatação do analito. A capacidade de tamponamento óptima ocorre quando o pH é igual ao pKa do tampão, uma vez que a maioria dos tampões mantém uma capacidade adequada apenas a ±1 unidade do seu pKa. Além disso, os tampões podem facilitar o crescimento bacteriano, pelo que é aconselhável incorporar pelo menos 10 v/v% de solvente orgânico na fase aquosa para inibir a proliferação bacteriana.

A viscosidade é outro parâmetro crítico na escolha de modificadores orgânicos, uma vez que as misturas de acetonitrilo/água apresentam uma viscosidade aproximadamente 2,5 vezes inferior à das misturas equivalentes de metanol/água. Embora o acetonitrilo não seja ionogénico e não se envolva em ligações de hidrogénio, os seus quatro proporcionam fortes interações dispersivas, que também devem ser consideradas na seleção do solvente (Sethi, 1997).

1.8.1 Sensibilidade:

Na análise cromatográfica, a sensibilidade mede o nível mais pequeno de componente detetável e depende da relação sinal/ruído do detetor. Os limites de deteção são normalmente fixados em três vezes a relação sinal/ruído, enquanto os limites de quantificação são dez vezes essa relação.

Tipos de técnicas de HPLC

A. Com base nos modos de cromatografia

i) Cromatografia de fase normal

ii) Cromatografia em fase inversa

i) Cromatografia de fase normal

A cromatografia de fase normal (NPC) é uma técnica de separação tradicional que se baseia na adsorção e dessorção de analitos numa fase estacionária polar, normalmente composta por sílica ou alumina. As partículas de sílica apresentam grupos silanol (Si-OH) na sua superfície e nos seus poros, fazendo com que os analitos polares migrem lentamente devido a fortes interações. Nesta configuração, a fase estacionária é polar enquanto a fase móvel é não-polar, permitindo que os compostos não-polares sejam eluídos mais rapidamente devido à sua menor afinidade com a fase estacionária. Por outro lado, os compostos polares são retidos durante mais tempo devido às suas interações mais fortes. Uma desvantagem significativa da NPC é a suscetibilidade das superfícies polares à contaminação dos componentes da amostra, que pode ser atenuada através da ligação de grupos funcionais polares, como amino ou ciano, ao suporte de sílica. A escolha de uma fase móvel adequada é crucial para uma separação óptima, exigindo solventes com baixa viscosidade, compatibilidade com sistemas de deteção e solubilidade suficiente para os solutos (Stahl, 2011; Sethi, 1996).

ii) em fase inversa

A cromatografia de fase inversa separa as substâncias a analisar com base nos seus coeficientes de partição entre uma fase móvel polar e uma fase estacionária hidrofóbica. Ao contrário da cromatografia de fase normal, em que os analitos polares são eluídos em primeiro lugar, os analitos não polares interagem mais fortemente com os grupos hidrofóbicos C18 ligados à sílica, levando à sua eluição posterior. Inicialmente, as partículas sólidas eram revestidas com líquidos não polares, mas estes foram substituídos por grupos hidrofóbicos permanentemente ligados, como o octadecil (C18). Os métodos modernos utilizam fases estacionárias quimicamente ligadas, embora possam também ser utilizadas fases estacionárias poliméricas e sólidas.

A retenção dos compostos diminui pela seguinte ordem.

Alifáticos > Dipolos induzidos (por exemplo, CCl_4) > Dipolos permanentes (por exemplo, $CHCl_3$) > Bases de Lewis fracas1 (éteres, aldeídos, cetonas) > Bases de Lewis fortes (aminas) > Ácidos de Lewis fracos (álcoois, fenóis) > Ácidos de Lewis fortes (ácidos carboxílicos). O tempo de retenção também aumenta à medida que o número de átomos de carbono aumenta no composto.

Reação do gel de sílica com um grupo funcional para produzir uma fase estacionária de fase reversa -

$$\geqslant SiOH + ClSi(CH_3)_2 R \longrightarrow \geqslant SiO --- Si(CH_3)_2 R$$

A água não pode molhar os grupos alquilo não polares (hidrofóbicos) na cromatografia de fase reversa (RPC), tornando-a a fase móvel mais fraca e resultando nas taxas de eluição de amostras mais lentas. À medida que o teor de água no eluente aumenta, os tempos de retenção alongam-se. A retenção de analitos também aumenta com a área de contacto entre as moléculas da amostra e a fase estacionária, especialmente à medida que mais moléculas de água são libertadas durante a adsorção. A RPC utiliza normalmente fases móveis polares, tais como misturas de metanol ou acetonitrilo com água ou tampões. É o modo de HPLC mais utilizado, adequado para analitos polares, de polaridade média e alguns analitos não polares. São necessários eluentes não aquosos para analitos altamente apolares.

Na teoria solvófoba, a fase estacionária actua mais como um sólido do que como um líquido, sendo a retenção resultante principalmente das interações hidrofóbicas entre os solutos e a fase móvel. Os efeitos solvófobos levam a que os solutos se liguem à superfície da fase estacionária, reduzindo a sua exposição à fase móvel e aumentando a adsorção à medida que a tensão superficial da fase móvel aumenta. Por outro lado, o modelo de partição enfatiza o papel da fase estacionária, sugerindo que os solutos são incorporados nas cadeias da fase estacionária, fazendo a partição entre a fase móvel e uma fase estacionária "semelhante a um líquido". À medida que o comprimento da cadeia do material ligado aumenta, os mecanismos de retenção passam da adsorção para a partição.

Para compostos orgânicos formadores de iões: A cromatografia de pares de iões deve ser preferida à cromatografia de permuta iónica.

Efeito do pH nas separações por HPLC

A maioria dos compostos farmacêuticos apresenta funcionalidades ionizáveis, tais como grupos amino, piridinais ou carboxílicos. O pH e a composição da fase móvel são parâmetros críticos para controlar a retenção por HPLC e otimizar as separações. O advento de novos materiais de embalagem estáveis numa gama de pH mais ampla - até pH 12 - aumenta a aplicabilidade do pH da fase móvel para ajustes de retenção e seletividade. O pH especificado nos métodos analíticos deve referir-se ao solvente aquoso. A adição de modificadores orgânicos a tampões aquosos altera frequentemente o pH da fase móvel, e o pKa do soluto varia com o tipo e a concentração do modificador orgânico. Na HPLC de fase reversa, o pH da fase móvel influencia significativamente a retenção de solutos fotolíticos, tornando essencial um controlo preciso do pH. Recomenda-se a utilização de tampões para manter a estabilidade do pH na fase móvel, que deve ser medido com exatidão com um medidor de pH calibrado. Os padrões de calibração, com força iónica e temperatura próximas das soluções-tampão, devem abranger valores de pH de 1, 2, 4, 7 e 10, com um controlo de $\pm 0,1$ unidades de pH.

Análise da amostra por HPLC

A análise por HPLC centra-se na determinação qualitativa ou quantitativa, sendo que a informação qualitativa precede a análise quantitativa.

Análise qualitativa: Para obter informações estruturais de um analito e para poder para identificar componentes em amostras desconhecidas, são necessários métodos qualitativos.

Substância de referência disponível

A análise qualitativa simples compara os tempos de retenção de compostos desconhecidos com amostras de referência em fases estacionárias.

Sem substância de referência

A identificação estrutural de compostos desconhecidos pode ocorrer durante a separação cromatográfica.

1. Área de pico normalizada
2. Calibração de padrão externo
3. Método de cálculo do padrão interno
4. Método de cálculo da adição standard

1. Método de normalização de áreas

Após a integração dos picos significativos do cromatograma, calcula-se a área normalizada do pico (%) para cada pico, normalmente utilizada no desenvolvimento de métodos preliminares.

2. Calibração de padrão externo

O padrão externo utilizado para análise é a mesma substância que a amostra e deve ser puro ou a sua composição conhecida. Ao injetar soluções padrão com concentrações variáveis, é criada uma curva de calibração através da representação gráfica do pico de resposta em função da concentração. As amostras desconhecidas são analisadas de forma semelhante e as suas concentrações são determinadas utilizando a curva de calibração. A inclusão da matriz da amostra no padrão externo pode aumentar ainda mais a exatidão e a precisão (Sharma, 2012).

3. Método de cálculo do padrão interno:

O padrão interno (IS) é uma substância estranha conhecida adicionada à amostra para minimizar os erros durante o pré-tratamento, como a derivatização ou a extração. É gerada uma curva de calibração utilizando concentrações variáveis da substância a analisar e uma quantidade constante de IS, o que permite calcular o rácio de resposta (Rs).

Rs = Área do medicamento / Área do (IS)

Traçar o gráfico deste rácio em função da concentração do fármaco puro (Rs / concentração do fármaco). O declive deste gráfico é o fator de resposta.

4. Método de cálculo da adição padrão

O método de adição de padrões, ou "spiking", quantifica analitos em matrizes complexas através da medição de sinais analíticos antes e depois da adição de uma quantidade conhecida de analito, tendo em conta os efeitos da matriz no comportamento do pico cromatográfico (Snyder et al., 1997; Willwrd, 1986).

CAPÍTULO 2: PESQUISA BIBLIOGRÁFICA

2.1. Perfil da planta

BIHARI Dora et al., 2015; Gour, 2021; Goyal et al., 2010; Khanpara e Vaishnav, 2022; Rajpoot et al, 2015 *Boerhaavia diffusa* (Nyctaginaceae) vulgarmente conhecida como Raktapunarnava, Shothaghni, Kathillaka, Kshudra, Varshabhu, Raktapushpa, Varshaketu, Shilatika é uma espécie de planta herbácea que cresce prostrada ou ascendente em habitats como prados, campos agrícolas, pousios, terrenos baldios e complexos residenciais. A planta foi baptizada em honra de Hermann Boerhaave, um famoso médico neerlandês do século XVIII. A planta é mencionada no Atharvaveda com o nome "Punarnava", porque a parte superior da planta seca durante o verão e regenera-se novamente durante a estação das chuvas. Assim, a planta geralmente pereniza-se através das raízes no solo. *A Boerhaavia diffusa* é uma das plantas medicinais mais famosas da Índia; é uma planta herbácea perene que cresce em regiões tropicais como as Antilhas, a América do Sul, a Índia e a África.

2.1.1

As raízes são muito variáveis, difusamente ramificadas, herbáceas perenes baixas, espalhadas ou rastejantes, com uma raiz fusiforme alongada ou cónica. Os caules são numerosos, com 1-2 m de comprimento, nascem da coroa da raiz, são delgados, redondos, nodosos, articulados e frequentemente de cor avermelhada ou arroxeada. As folhas são simples, opostas, pecioladas curtas, exstipuladas, desiguais em cada par, com 2,5-5 cm de comprimento por 1-4,5 cm de largura, oblongas ou suborbiculares, agudas, obtusas ou arredondadas no ápice, cordadas, arredondadas ou truncadas na base, inteiras ou onduladas ao longo da margem, subflesas, glabras ou pouco pilosas em cima, branco prateado em baixo, pecíolos com 0,7-3 cm de comprimento, delgados, profundamente estriados em cima. As flores são pequenas, regulares, sésseis ou subsésseis, rosa pálido a rosa, em grupos irregulares de 4-10, pequenos umbelas em pedúnculos axilares extra. Perianto curto, tubular com cerca de 3 mm de comprimento e profundamente apertado no meio. A parte tubular inferior é esverdeada, persistente e coberta de pêlos glandulares. O limbo superior é de cor castanha clara, em forma de funil e com 5 lóbulos. Os estames são 2 ou 3, os filamentos estão unidos no ovário na base e não se exercem fora do perianto. As anteras são pequenas e bicelulares. Os ovários são pequenos e completamente cobertos pelo perianto. Os frutos são muito pequenos, com uma só semente e encerrados na metade inferior persistente do perianto. O perianto é coberto por pêlos glandulares pegajosos.

2.1.2 Distribuição geográfica e habitat

A planta *Boerhaavia diffusa* (Nyctaginaceae) é uma espécie perene que cresce prostrada ou ascendente em habitats como prados, campos agrícolas, pousios, terrenos baldios, complexos residenciais , valas e locais pantanosos durante as chuvas. A planta *Boerhaavia diffusa* é constituída por 40 espécies e distribui-se em regiões tropicais e subtropicais de clima quente. Encontra-se no Paquistão, Ceilão, Austrália, Sudão e Península Malaia, estendendo-se até à China, África, América e Ilhas do Pacífico, que se encontram nas zonas mais quentes destes países. Existem 6 espécies de *Boerhaavia diffusa* na Índia, nomeadamente *Boerhaavia diffusa, B.erecta, B. rependa, B. chinensis, B. hirsute* e *B. rubicunda* nas zonas mais quentes e até 2.000 m de altitude na zona dos Himalaias. A planta é também cultivada, em certa medida, em Bengala Ocidental.

2.1.3 Componentes químicos

Foram isolados muitos rotenóides das raízes da *Boerhaavia diffusa*. A planta também inclui uma série de boeravinonas, nomeadamente, boeravinona A, boeravinona B, boeravinona C, boeravinona D, boeravinona E e boeravinona F. O punarnavosídeo, um glicosídeo fenólico, está alegadamente presente nas raízes. A C-metil flavona também foi isolada das raízes de *Boerhaavia diffusa*. Foram isolados dois lignanos conhecidos, a liriodendrina e o mono-β-D-glicosídeo siringaresinol. A presença de um nucleósido de purina hipoxantina 9-L-arabinose, dihidroisofuroxantona-borhavina e fitoesteróis foi isolada da planta. Contém cerca de 0,04 % de alcalóides conhecidos como punarnavina e punernavosídeo, um agente antifibrinolítico. Contém também cerca de 6 % de nitrato de potássio, uma substância oleosa, e ácido ursólico. As sementes desta planta contêm ácidos gordos e alantoína e as raízes contêm alcalóides. O caule verde da planta também contém boeravina e ácido boerávico.

2.1.4 Atividade Farmacológica e Biológica

Efeitos imunomoduladores : A fração alcaloide da *Boerhaavia diffusa* foi estudada quanto ao seu efeito nas funções celulares e humorais em ratos. A administração oral inibiu significativamente as reacções de hipersensibilidade retardada induzidas por SRBC em ratinhos. No entanto, a inibição foi observada apenas durante o tratamento medicamentoso pós-imunização, enquanto não foi observado qualquer efeito durante o tratamento medicamentoso pré-imunização.

Atividade imunossupressora : Os extractos hexânico, clorofórmico e *etanólico de B. diffusa* hexano, clorofórmio e extractos de etanol, e dois compostos puros Bd-I (eupalitina-3-O-h-Dgalactopiranosídeo) e Bd-II (eupalitina) foram avaliados in vitro quanto ao seu efeito no mitogénio de células T (fitohemaglutinina; PHA) estimulou a proliferação de células mononucleares do sangue periférico humano (PBMC), cultura mista de linfócitos, produção de óxido nítrico estimulada por lipopolissacarídeo (LPS) por RAW 264.7, a produção de IL-2 e TNF-α induzida por PHA e LPS, em PBMCs humanas, a produção de superóxido em neutrófilos, a citotoxicidade de células natural killer (NK) humanas e a translocação nuclear do fator nuclear-ḱ B e AP-1 em PBMCs estimuladas por PHA. Os extractos de clorofórmio e etanol inibiram a proliferação estimulada por PHA de células mononucleares do sangue periférico, MLR bidirecional, citotoxicidade de células NK , bem como a produção de NO induzida por LPS por RAW 264.7; o extrato de hexano não mostrou qualquer atividade. O Bd-I purificado a partir do extrato etanólico em dose equivalente inibiu a proliferação de células mononucleares do sangue periférico estimulada por PHA, a citotoxicidade das células MLR e NK bidireccionais, bem como a produção de NO induzida por LPS por RAW 264.7 com igual ou maior eficácia do que o extrato etanólico original. Bd-I inibiu a produção de IL-2 estimulada por PHA nos níveis de transcrição de proteína e mRNA e a produção de TNF-α estimulada por LPS em PBMCs humanos; também bloqueou a ativação da ligação ao DNA do fator nuclear-ḱ B e AP-1, dois principais fatores de transcrição centralmente envolvidos na expressão do gene IL-2 e IL-2R, que são necessários para a ativação e proliferação de células T. Nossos resultados relatam atividade imunossupressora seletiva da folha de *B. diffusa*. É também realizada uma investigação para avaliar as propriedades imunomoduladoras do extrato desta planta em vários testes in vitro, tais como a citotoxicidade das células assassinas naturais humanas (NK), a produção de óxido nítrico (NO) em células macrofágicas de ratinho, RAW 264.7, interleucina-2 (IL-2), fator de necrose tumoral-a (TNF-α), interferão-g intracitoplasmático (IFN-γ) e expressão de vários marcadores de superfície celular em células mononucleares do sangue periférico humano (PBMCs). Os extractos etanólicos das raízes *de B. diffusa* inibiram a citotoxicidade das células NK humanas in vitro, a produção de NO em células macrofágicas de ratinho, IL-2 e TNF-α em PBMCs humanas. O IFN-γ intracitoplasmático e os marcadores de superfície celular, como CD16, CD25 e HLA-DR, não foram afectados pelo tratamento com o extrato de *B. diffusa*. Por conseguinte, demonstra o potencial imunossupressor do extrato etanólico de *B. diffusa*.

Atividade antidiabética: Foi realizado um estudo para investigar os efeitos da administração oral diária de uma solução aquosa do extrato de folhas de *Boerhaavia diffusa* L. (BLEt) (200 mg/kg) durante 4 semanas na concentração de glicose no sangue e nas enzimas hepáticas em ratos diabéticos normais e induzidos por aloxano. Foi observada uma diminuição significativa da glucose no sangue e um aumento significativo dos níveis de insulina no plasma em ratos normais e diabéticos tratados com BLEt. O extrato clorofórmico da folha de *B. diffusa* produziu uma redução dependente da dose da glicose sanguínea em ratos NIDDM induzidos por estreptozotocina comparável à da glibenclamida. Os resultados indicam que a redução da glucose no sangue produzida pelo extrato é provavelmente através do rejuvenescimento das células beta pancreáticas ou através de uma ação extra pancreática.

Atividade anti-metastática: A administração de Punarnavine (40 mg/kg de peso corporal) profilaticamente (95,25 %), simultaneamente (93,9 %) e 10 dias após a inoculação do tumor (80,1 %) pode inibir a formação de colónias metastáticas nos pulmões principais de melano. A taxa de sobrevivência dos animais portadores de tumor metastático aumentou significativamente com a administração de Punarnavine em todas as modalidades, em comparação com o controlo não tratado portador de metástases. Estes resultados estão correlacionados com os parâmetros bioquímicos, tais como a hidroxilprolina do colagénio pulmonar, o ácido urónico , a hexosamina, o ácido siálico sérico, a γ glutamil transpeptidase sérica e o nível do fator de crescimento endotelial vascular (VEGF) nos estudos histopatológicos. A administração de punarnavina poderia suprimir ou regular para baixo a expressão de MMP-2, quinase regulada por sinal de MMP) e VEGF no tecido pulmonar de animais induzidos por metástases. A punarnavina pode inibir a expressão das proteínas MMP-2 e MMP-9 na análise zimográfica de gelatina das células B16F-10. Estes resultados indicam que a Punarnavina pode inibir a progressão metastática das células de melanoma B16F-10 em ratinhos. A administração profiláctica do extrato metanólico (0,5 mg/dose) inibiu a formação de metástases em cerca de 95% em comparação com animais de controlo não tratados. Verificou-se uma inibição de 87% na formação de metástases pulmonares em ratinhos C57BL/6 singénicos, quando o extrato foi administrado simultaneamente com o desafio tumoral. A contagem total de leucócitos antes da irradiação era de 7500±500 células/mm3, que foi reduzida para 1500±500 células/mm3 no grupo de controlo irradiado no dia 9 após a exposição à radiação. Mas no grupo tratado com *B. diffusa*, os animais irradiados apresentaram a contagem mais baixa no dia 3 após a irradiação (4000 ± 400 células/mm3), enquanto a contagem dos animais de controlo irradiados foi de 2100±440 células/mm3. No dia 9, o nível atingiu 6250±470 células/mm3 nos animais irradiados *tratados com B. diffusa.*

Atividade anti-inflamatória: O extrato de etanol das folhas na dose de 400 mg/kg exibiu um efeito anti-inflamatório máximo com 30,4, 32,2, 33,9 e 32% com carragenina, serotonina, histamina e modelos de edema de pata de rato induzidos por dextrano, respetivamente. O extrato etanólico da casca do caule também apresentou COX-1 e valor IC50 de 100 mg/ml, comprovando a utilização do medicamento no tratamento de condições inflamatórias. A atividade anti-inflamatória foi avaliada utilizando o extrato de látex da planta através de um modelo inflamatório induzido por carragenina.

Atividade Hepatoprotectora: O extrato aquoso da raiz de *B. diffusa* (2 ml/kg) possui uma atividade hepatoprotectora marcada contra a hepatotoxicidade induzida pela tioacetamida e uma proteção marcada contra a maioria dos parâmetros séricos como, GOT, GPT, ACP e ALP mas não GLDH e bilirrubina. O estudo também provou que a administração da forma aquosa do medicamento (2 ml/kg) tem mais atividade hepatoprotectora do que a forma em pó

2.1.5 Utilizações etnobotânicas

A Boerhaavia diffusa é uma planta medicinal muito popular na Índia, conhecida como "Punarnava"; são utilizadas sobretudo partes da planta como as folhas, as sementes e as raízes. A raiz da *Boerhaavia diffusa* está registada na Farmacopeia Indiana. As partes vegetais da punarnava são utilizadas como desordem estomacal, redução da tosse, cardiotónico, anasarca, hepatoprotector, ascite, laxante, diurético, anti-helmíntico e febrífugo, poder curativo e propriedades curativas, expetorante e como emético e purgante. Como diurético e natriurético, é útil no tratamento da diabetes insípida, nefrolitíase, estrangúria, oligúria, iterícia, envenenamento, baço dilatado, glaucoma, gonorreia, insuficiência cardíaca congestiva, doença da montanha e outras inflamações internas. Em doses moderadas é eficaz na asma. Uma decocção das raízes de punarnava é também útil para tratar úlceras da córnea e cegueira nocturna. As raízes cozidas de *Boerhaavia diffusa* Linn são úteis para úlceras, abcessos e para ajudar na extração do verme da Guiné na região tropical de África. Uma decocção das partes aéreas é também utilizada para tratar dores gastrointestinais, convulsões e vermes intestinais. As sementes da punarnava são transformadas em bolos que são cozinhados e comidos como remédio para a disenteria na Mauritânia e também em Bengala Ocidental, a erva *Boerhaavia diffusa* é cozinhada e comida como um vegetal. Também se toma uma decocção da raiz para tratar problemas cardíacos, palpitações e iterícia. Atividade imunomoduladora: Sumanth e colaboradores compararam o efeito da BD com a ashwagandha e identificaram um aumento no tempo total de natação em ratos quando alimentados com extrato alcoólico.

2.2 Ogbole et al., 2017 : realizaram a atividade citotóxica in vitro de plantas medicinais da etnomedicina da Nigéria na linha celular de cancro Rhabdomyosarcoma e análise HPLC de extractos activos. Entre as outras plantas medicinais, o autor inclui a planta *Boerhaavia diffusa*. As fracções activas foram submetidas a análise por HPLC utilizando o Dionex HPLC System 2695 (Waters). As experiências de HPLC analítico em fase inversa foram realizadas numa coluna C18 NX 5 μM termocientífica (250 × 4,6 mm). A temperatura da coluna foi fixada em 25 °C. Um detetor ultravioleta-visível de comprimento de onda variável foi regulado para 235 nm. O eluente utilizado foi o ácido trifluoroacético a 0,1% em água (solvente A) e o ácido trifluoroacético a 0,1% em metanol (solvente B). Para a análise, a fase móvel era composta por 70% de A e 30% de B a 0 min, depois um gradiente linear até 100% de B durante 40 min e mantida nessa composição durante 10 min a um caudal de 1 mL/min. Para determinar a natureza dos compostos presentes nestas fracções activas, os picos gerados no cromatograma de cada fração ativa foram comparados com a coleção de compostos contida na biblioteca de HPLC.

2.3 Singh et al., 2017 : efectuou a identificação e a quantificação da boeravinona-B no extrato de planta inteira de *Boerhaavia diffusa* Linn e nos seus animais experimentais poli-herbáceos. A separação cromatográfica foi realizada na cromatografia líquida de alto desempenho Agilent 1260 infinity equipada com detetor PDA e o software EZ Chrome Elite foi utilizado para este estudo. Agilent Zorbax HC-C18 (2) (250×4,6 mm, tamanho de partícula de 5 μ) foi utilizado como fase estacionária. Comprimento de onda-270 nm; tempo de execução-45 min; caudal-1,5 mL/min; volume de injeção-20 μL; temperatura-27 °C. Os resultados deste estudo revelaram que a Boeravinona-B está presente no ingrediente (extrato de B. diffusa) e na formulação poli-herbácea, ou seja, 0,041% p/p e 0,011% p/p, respetivamente, o que valida cientificamente a proporção do ingrediente no medicamento acabado. Pode tornar-se um método versátil para a análise qualitativa (identidade) e quantitativa no controlo de qualidade de várias formulações comerciais que contêm B. diffusa para aumentar a sua eficácia.

2.4 Prathapan et al., 2017 : realizaram o extrato etanólico rico em polifenóis de Boerhavia diffusa L. que atenua a hipertrofia cardíaca induzida pela angiotensina II e a fibrose em ratos. A fim de descobrir os principais constituintes químicos, a separação e análise cromatográfica foram realizadas com HPLC (SHIMADZU Corp.) equipado com coluna C-18 (150 ? 4,6, 5 mm), desgaseificador (DGU-20A), bomba quaternária (LC-20A) e amostrador automático (SIL-20A). As soluções-mãe dos padrões (1 mg/ml) e do extrato foram preparadas separadamente em metanol e transferidas quantitativamente para dar uma solução de trabalho com uma gama de concentrações adequada de 10-100 ppm para os padrões (boeravionona B, quercetina, kaempferol e ácido cafeico). A fase móvel era constituída por acetonitrilo:metanol na proporção 30:70 (v/v) e manteve um caudal de 1,0 mL/min e os picos foram detectados com o detetor PDA a 273 nm. Em conclusão, os estudos in vivo demonstram, pela primeira vez, que o BDE pode prevenir a hipertrofia cardíaca e a disfunção miocárdica e que os efeitos benéficos do BDE parecem ser mediados, em parte, pela inibição do stress oxidativo e pelo aumento da translocação nuclear do Nrf2. O tratamento com BDE melhorou as actividades das enzimas antioxidantes endógenas e das ATPases ligadas à membrana em ratos administrados com Ang

II, juntamente com a redução do conteúdo de colagénio do miocárdio e da fibrose. Para além disso, os efeitos terapêuticos do BDE foram comparáveis aos do fármaco de referência, o losartan. Os resultados do estudo fornecem, pela primeira vez, uma validação científica relativamente às suas utilizações medicinais tradicionais contra doenças cardíacas. Devido à natureza comestível desta planta, os resultados da presente investigação também esclarecem as propriedades benéficas da B. diffusa contra a hipertrofia cardíaca e podem ser desenvolvidos como um candidato a medicamento ou alimento nutracêutico/funcional para a prevenção e gestão de doenças cardíacas.

2.5 Sharma et al., 2020 : realizaram o efeito atenuante de uma combinação padronizada de poliherbais na nefrotoxicidade induzida por metotrexato no rato. Cada extrato seco (100 mg) foi dissolvido separadamente em 20 ml de metanol de grau de cromatografia líquida de alto desempenho (HPLC) (5 mg/mL). As soluções preparadas foram agitadas em vórtice, sonicadas, filtradas e utilizadas para análise. O perfil cromatográfico foi efectuado com a utilização do sistema HPLC (Shimadzu, JAPÃO) equipado com um detetor ultravioleta (UV), uma bomba de gradiente e o software CLASS-VP para aquisição e processamento de dados. A solução de extrato filtrado (10 mL) foi injectada e deixada separar no modo de eluição por gradiente utilizando um Hypersil C18 (5 m de par- EUA). Água com 0,5% (v/v) de ácido fórmico (A) e acetonitrilo (B) (150?4,6 mm; Phenomenex, Torrance, CA) foram utilizados como fase móvel num programa de eluição em gradiente: de 0 a 5 min, 80% A; de 5 a 12 min, 60% A; de 12 a 20 min, 40% A; de 20 a 30 min, 10% A e, posteriormente, regressou-se à composição inicial da fase. O caudal da fase móvel foi fixado em 1 mL/min e o tempo total de execução em 30 min. O detetor UV-Visível foi regulado para 254 nm para registar os cromatogramas. Para a determinação da qualidade do extrato, foi identificado o número total de picos.

CAPÍTULO 3 OBJECTIVO E FINALIDADE

3.1 Necessidade de estudo:

A qualidade é crucial nos produtos farmacêuticos, especialmente porque têm um impacto direto na saúde humana. Enquanto os medicamentos sintéticos são sujeitos a uma regulamentação rigorosa para garantir a segurança e a eficácia, os medicamentos à base de plantas não dispõem de controlos igualmente rigorosos, o que conduz a potenciais problemas como a adulteração, a substituição e os medicamentos espúrios. Esta disparidade na regulamentação representa riscos significativos para os consumidores e realça a necessidade de normas de controlo de qualidade mais rigorosas nos produtos farmacêuticos à base de plantas.

Os medicamentos à base de plantas, que são amplamente utilizados no tratamento de várias doenças, envolvem frequentemente formulações complexas de várias ervas. À medida que a procura de produtos à base de plantas cresce, é fundamental garantir a sua qualidade, especialmente porque cerca de 80% da população mundial depende destes produtos. No entanto, a complexidade e a variabilidade das formulações à base de plantas colocam desafios à manutenção de uma qualidade consistente.

Para enfrentar estes desafios, são utilizadas técnicas analíticas modernas, como a HPTLC e a HPLC, para estabelecer normas farmacopeicas. Estes métodos fornecem perfis detalhados de impressão digital de formulações à base de plantas, ajudando a identificar e quantificar os componentes fitoquímicos. Ao garantir a eficácia, a segurança e a consistência terapêutica destes produtos à base de plantas, a HPTLC e a HPLC desempenham um papel fundamental na superação das barreiras colocadas pela complexidade química das formulações à base de plantas.

Assim, a aplicação de regulamentos e métodos de controlo de qualidade mais rigorosos para os medicamentos à base de plantas, semelhantes aos aplicados aos medicamentos sintéticos, é essencial para salvaguardar a saúde pública e garantir a eficácia terapêutica contínua dos produtos à base de plantas no mercado global.

3.2 Objectivos

Os principais objectivos do estudo são os seguintes:

- Desenvolvimento de métodos HPTLC sensíveis, específicos, reprodutíveis, muito económicos e de fácil utilização em laboratório para a quantificação de Boeravinone B em formulações à base de plantas.

- Desenvolvimento de métodos RP-UHPLC sensíveis, específicos, reprodutíveis, muito económicos e de fácil utilização em laboratório para a quantificação de Boeravinone B em formulações à base de plantas.
- Validação dos métodos HPTLC e RP-UHPLC acima referidos de acordo com as diretrizes ICH.

CAPÍTULO 4 PERFIL DAS FORMULAÇÕES COMERCIALIZADAS

Perfil do medicamento

Nome do medicamento	:	Boeravinone B
Estrutura	:	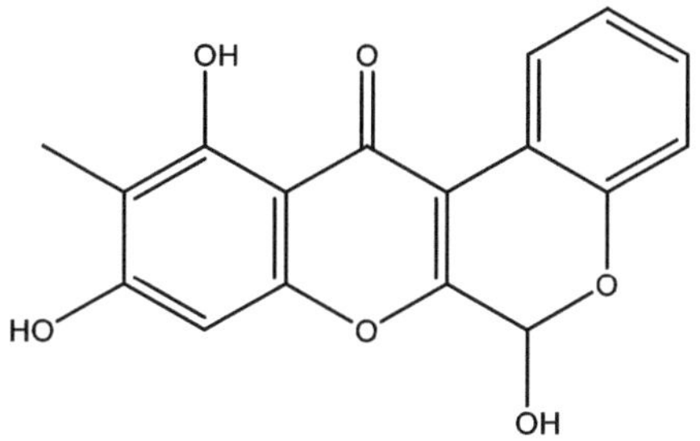
Nome químico	:	6,9,11-trihydroxy-10-methyl-6H-chromeno[3,4-b]chromen-12-one
Fórmula molecular	:	$C_{17}H_{12}O_6$
Peso molecular	:	312.27
Descrição	:	A boeravinona B é um composto químico que pertence à classe dos compostos conhecidos como estilbenos. É um produto natural que se encontra em plantas, incluindo a planta *Boerhavia diffusa*. A boeravinona B é um sólido cristalino branco ou amarelado à temperatura ambiente. É um produto natural que se encontra nas plantas e demonstrou ter uma série de actividades biológicas, incluindo propriedades anti-inflamatórias, antioxidantes e anticancerígenas. A boeravinona B tem sido estudada como um potencial agente terapêutico para o tratamento de várias doenças, incluindo o cancro e a inflamação.

- **Formulação comercializada:**
- **Nome: Punarnava 500 mg Comprimido**
- **Fabricado por: Merlion Naturals**

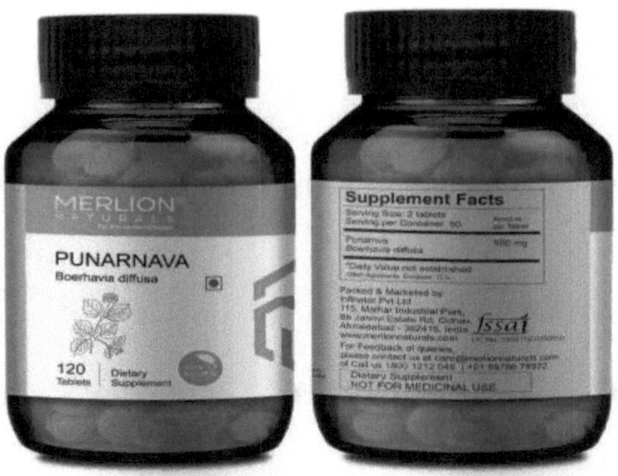

➢ **Composição da Formulação Comercializada**

N.º Sr.	Ingredientes	Montante
1	<u>PUNARNAVA</u> *Boerhavia diffusa*	500 mg

CAPÍTULO 5 MATERIAL E MÉTODOS

A lista dos materiais e instrumentos utilizados na experiência, com o respetivo fabricante.

5.1 Recolha de Boeravinona B padrão e formulação à base de plantas

O padrão Boeravinone B foi obtido/adquirido da Sigma Aldrich Solution. A formulação à base de plantas foi recolhida na cidade de Dhule.

5.2 Substâncias de referência (composto marcador)

A boeravinona B foi obtida da Sigma Aldrich Solution.

5.3 Conformação do marcador

A conformação do composto marcador foi efectuada utilizando espetroscopia FTIR e comparando os dados obtidos com a literatura.

5.4 Instrumentos

HPTLC - CAMAG, Suíça

Aplicador HPTLC - Linomat 5 CAMAG, Suíça

UHPLC- Thermo fishers Scientifics

5.5 Método I

5.5.1 Desenvolvimento e validação do método de cromatografia em camada fina de alto desempenho para a estimativa da boeravinona B na formulação à base de plantas

Tabela 5.1: Instrumentação do método HPTLC

Instrumento	Modo e marca
Balança de pesagem	Sartorius (EUA)
Ultrasonicador	Rama Enterprises Pvt. Ltd. (Deli - Índia)
Sistema HPTLC	CAMAG (Muttenz, Suíça)
Aplicador	Linomat 5 (Mumbai - Índia)
Scanner	Camag TLC Scanner 3 (Muttenz, Suíça)
Processador de dados	Win CATS (versão 1.3.0) (Muttenz, Suíça)

5.5.1.1 Materiais e reagentes

Para preparar a fase móvel, foram utilizados como solventes o hexano, o acetato de etilo, o tolueno, o metanol, o etanol, o ácido acético e o ácido fórmico. Todos os produtos químicos utilizados eram de grau HPLC (Finar Ltd., Mumbai) e foram utilizados sem qualquer outra purificação.

5.5.1.2 Seleção de solventes

Tendo em conta as caraterísticas do fármaco e as propriedades do solvente, a solubilidade da Boeravinona B foi verificada em diferentes solventes. Finalmente, o metanol foi selecionado como solvente para dissolver o fármaco.

5.5.1.3 Seleção da fase estacionária

A identificação e a determinação do fármaco foram efectuadas em placas TLC (10 cm × 10 cm. espessura da camada 0,2 mm, E-Merck, Darmstadt, Alemanha) de sílica gel 60 F_{254} com suporte de alumínio, previamente lavadas com metanol.

5.5.1.4 Seleção e otimização da fase móvel

Foram experimentados os seguintes solventes para a resolução da Boeravinona B e a seleção do solvente na fase móvel, apresentada na Tabela.5 2.

Tabela 5.2: Otimização da fase móvel para identificação e determinação da Boeravinona B por HPTLC

Sr. nº.	Solventes	Proporção (ml)	R_f de Boeravinone B
1	Acetato de etilo: Metanol	6:4	R_f não adequado
2	Acetato de etilo: Etanol	6:4	R_f não adequado
3	Tolueno: Acetato de etilo: Etanol	5:3:2	R_f não adequado
4	Tolueno: Acetato de etilo: Etanol: Ácido fórmico	4:4:1.5:0.5	R_f não adequado
5	Acetato de etilo: Etanol: Ácido fórmico	4:3.5:2:0.5	R_f não adequado
6	Tolueno: Acetato de etilo: Metanol: Ácido acético	6.5:1.5:1.5:0.5	**Ponto resolvido**

Inicialmente, foram experimentadas diferentes fases móveis, mas observou-se o arrastamento de manchas e o desaparecimento de manchas. Por fim, utilizou-se Tolueno: Acetato de etilo: Metanol: Ácido acético em proporções variáveis; a fase móvel constituída por (6,5:1,5:1,5:0,5) (*v/v*) deu boa resolução, pico nítido e simétrico com valor R_f 0,49 para a Boeravinona B.

5.5.1.5 Seleção do comprimento de onda de deteção

Para a identificação da Boeravinona B na formulação à base de plantas, foram selecionados máximos de absorção a 275 nm. Por conseguinte, foi selecionado como comprimento de onda de deteção para análise posterior.

5.5.1.6 Instrumentação e condições cromatográficas

A cromatografia foi efectuada numa placa de alumínio de 10 cm x 10 cm revestida com uma camada de 0,2 mm de gel de sílica 60 F254 (E. Merck, Alemanha). As amostras foram aplicadas na placa sob a forma de bandas de 6 mm de largura, utilizando o aplicador Linomat 5 da Camag (Muttenz, Suíça) equipado com uma seringa de 100 µl (Hamilton, Suíça). A taxa de aplicação foi constante a 150 nl sec^{-1} e o espaço entre duas bandas foi de 14 mm. A fase móvel era constituída por Tolueno: Acetato de etilo: Metanol: Ácido acético (6,5:1,5:1,5:0,5). O desenvolvimento linear ascendente da placa foi efectuado numa câmara de vidro de calha dupla previamente saturada com a fase móvel durante 15 minutos à temperatura ambiente ($25^0C \pm 2$) e humidade relativa de 60 % ± 5. O comprimento do cromatograma foi de aproximadamente 80 mm. Após a revelação, a placa foi retirada e seca em corrente de ar. A leitura densitométrica foi efectuada a 275 nm utilizando o scanner Camag TLC 3.

5.5.1.7 Condições cromatográficas finalizadas para o método HPTLC

Depois de examinar os resultados das condições experimentais iniciais, as condições cromatográficas finais de trabalho estão resumidas na tabela 5.3

Tabela 5.3: Condições cromatográficas finais para o método HPTLC

Parâmetros	**Especificações**
Fase estacionária	Placas de TLC de sílica gel 60 F_{254} S com enchimento de alumínio (10×10 cm, espessura da camada 0,2 mm, E-Merck, Darmstadt, Alemanha), previamente lavadas com metanol
Fase móvel	Tolueno: Acetato de etilo: Metanol: Ácido acético (6,5:1,5:1,5:0,5)
Saturação da câmara	15 minutos
Distância de migração	80 mm
Ativação da placa pré-lavada	10 minutos
Largura da banda	6 mm
Dimensões da fenda	6,00 x 0,45 mm
Fonte de radiação	Lâmpada de deutério
Comprimento de onda de varrimento	275 nm
Distância entre bandas	14,0 mm

5.5.1.8 Preparação da solução-mãe padrão

Transferiu-se 1 mg de boeravinona B, pesada com exatidão, para um balão volumétrico de 10 ml e dissolveu-se em 100 ml de metanol para obter uma concentração de 100 µg/ml.

5.5.1.9 Estudo de linearidade da boeravinona B

Com a ajuda de uma seringa de microlitros, aplicaram-se na placa TLC diferentes volumes de 500-3000 ng/ponto de Boeravinone B, utilizando o aplicador de amostras Linomat 5. A placa foi revelada e analisada nas condições cromatográficas acima estabelecidas.

5.5.1.10 Análise da formulação farmacêutica/à base de plantas

Para determinar a concentração de Boeravinone B nos comprimidos, os conteúdos de Ten Tablet (PUNARNAVA *Boerhavia diffusa* Tablet; Fabricado por Merlion Naturals) foram pesados, o seu peso médio foi determinado e foram finamente esmagados e pesados. O pó equivalente a 10 mg de Boeravinone B foi pesado. A boeravinona B do pó foi extraída com metanol. Para garantir a extração completa da boeravinona B, procedeu-se à sonicação durante 30 minutos e o volume foi aumentado para 100 ml. A solução resultante foi filtrada com um filtro de 0,45 µm (Millifilter, Milford, MA). A solução acima referida (10 µl, 1000 ng por ponto) foi aplicada numa placa TLC, seguida de revelação e digitalização. A análise foi repetida em triplicado. A concentração foi determinada por equação de regressão; a percentagem de desvio-padrão relativo não deve ser superior a 2,0%.

5.5.2 Validação

O método foi validado de acordo com as diretrizes da CIH.

5.5.2.1

As experiências de recuperação foram efectuadas a três níveis diferentes, ou seja, 50, 100 e 150 %. Para as soluções de amostra pré-analisadas, foi aplicada uma quantidade conhecida de solução-padrão de Boeravinone B em três níveis diferentes. O cromatograma foi revelado e analisado.

5.5.2.2 Precisão (precisão intra-dia e inter-dia)

A precisão do método foi determinada através das variações intra-dia e inter-dia. A variação intradiária foi determinada analisando 1500, 2000, 2500 ng/spot da solução-padrão de boeravinona B três vezes no mesmo dia. A precisão inter-dia foi determinada através da análise de 1500, 2000, 2500 ng/spot da solução-padrão de boeravinona B em três dias consecutivos durante uma semana.

5.5.2.3 Repetibilidade

A repetibilidade da aplicação da amostra foi avaliada através da colocação de 15 µL contendo 1500 ng/spot de boeravinona B padrão numa placa TLC em triplicado; revelação e leitura ótica; os resultados são apresentados no quadro 5.11. A mancha separada foi analisada 6 vezes sem alterar as posições da placa. A percentagem de RSD não deve ser superior a 2%

5.2.2.4 Sensibilidade

A sensibilidade das medições da boeravinona B utilizando o método proposto foi estimada em termos do limite de deteção (LD) e do limite de quantificação (LQ). O LOD e o LOQ foram calculados utilizando a equação LOD = 3,3 x N/B e LOQ = 10 x N/B, em que "N" é o desvio-padrão das áreas dos picos dos fármacos (n = 3), considerado como uma medida de ruído, e "B" é o declive da curva de calibração correspondente.

5.2.2.5 Robustez

A robustez do método proposto foi estudada por dois analistas diferentes, utilizando as mesmas condições experimentais e ambientais. A banda de 1500 ng/banda de boeravinona B foi aplicada em placas HPTLC. O desenvolvimento e a varrimento das bandas foram efectuados como descrito acima. Este procedimento foi repetido em triplicado; a % RSD não deve ser superior a 2%.

5.2.2.6 Robustez

A robustez do método foi estudada através de alterações deliberadas de alguns parâmetros, *nomeadamente* a alteração da composição da fase móvel e a estabilidade da solução de reserva. Os efeitos nos resultados foram estudados através da aplicação de 1000,0 ng/banda de Boeravinona B, tendo sido alterado um fator de cada vez para estimar o efeito.

5.6 Método II

5.6.1 Desenvolvimento e validação de um método analítico para a determinação da boeravinona B numa formulação à base de plantas pelo método RP-UHPLC.

Tabela 5.4: Instrumentação do sistema UHPLC

Instrumento	**Modo e marca**
Sistema HPLC	Thermo Scientific, sistema Vanquish UHPLC
Bomba	Bomba quaternária
Detetor	UV Visível
Processador de dados	Chromeleon 7.2

A boeravinona B foi obtida da Sigma Aldrich Solution. Este medicamento foi utilizado como padrão de trabalho. Todos os produtos químicos utilizados eram de qualidade HPLC, sem qualquer outra purificação. Foi utilizada água bidestilada para a preparação da fase móvel.

5.6.1.1 Seleção do modo cromatográfico

A Cromatografia Líquida de Alta Eficiência de Fase Reversa foi selecionada para o desenvolvimento.

5.6.1.2 Otimização do comprimento de onda de deteção

O detetor de UV foi selecionado por ser fiável e fácil de ajustar ao comprimento de onda correto. Uma concentração fixa de analito foi medida em diferentes comprimentos de onda. O espetro da boeravinona B foi obtido a 275 nm.

5.6.1.3 Seleção da fase móvel

A seleção foi feita com base na pesquisa bibliográfica. Depois de avaliar a solubilidade do fármaco em diferentes solventes, bem como com base na pesquisa bibliográfica; Metanol: 0,1 % Ortofosfórico em Água.

5.6.1.4 Seleção do método cromatográfico

Ensaio 1: No primeiro ensaio, foram estabelecidas condições extremas de parâmetros como 100 % de fase orgânica, caudal de 1,0 ml/min, uma fase estacionária com elevada carga de carbono e o detetor de UV. As condições do ensaio são as seguintes

Condições cromatográficas

Sistema HPLC	Sistema Vanquish UHPLC
Coluna	C_{18} (250 × 4,6 mm, 5μ)
Fase móvel	Acetonitrilo: Metanol: Água (0,1 % OPA) (70:25:5, v/v)
Caudal	1,0 ml /min.
Modo de bomba	Isocrático
Volume de injeção	10 μl
Comprimento de onda	275 nm
Temperatura da coluna	25°C
Tempo de execução	20 min

TESTE 2:

No segundo ensaio, foram estabelecidas condições extremas de parâmetros como 100 % de fase orgânica, caudal de 1,0 ml/min, uma fase estacionária com elevada carga de carbono e o detetor de UV. As condições do ensaio são as seguintes

Condições cromatográficas

Sistema HPLC	Sistema Vanquish UHPLC
Coluna	C_{18} (250 × 4,6 mm, 5μ)
Fase móvel	Acetonitrilo: Metanol: (60:40 v/v)
Caudal	1,0 ml /min.
Modo de bomba	Isocrático
Volume de injeção	10 μl
Comprimento de onda	275 nm
Temperatura da coluna	25°C
Tempo de execução	20 min

ENSAIO 3:

No terceiro ensaio, foram estabelecidas condições extremas de parâmetros como 100 % de fase orgânica, caudal de 1,0 ml/min, uma fase estacionária com elevada carga de carbono e o detetor de UV. As condições do ensaio são as seguintes

Condições cromatográficas

Sistema HPLC	Sistema Vanquish UHPLC
Coluna	C_{18} (250 × 4,6 mm, 5µ)
Fase móvel	Acetonitrilo: Metanol (75:25, v/v)
Caudal	1,0 ml /min.
Modo de bomba	Isocrático
Volume de injeção	10 µl
Comprimento de onda	275 nm
Temperatura da coluna	25°C
Tempo de execução	20 min

ENSAIO 4:

No quarto ensaio, foram estabelecidas condições extremas de parâmetros como 100 % de fase orgânica, caudal de 1,0 ml/min, uma fase estacionária com elevada carga de carbono e o detetor de UV. As condições do ensaio são as seguintes

Condições cromatográficas

Sistema HPLC	Sistema Vanquish UHPLC
Coluna	C_{18} (250 × 4,6 mm, 5µ)
Fase móvel	Metanol: 0,1 % OPA (55:45, v/v)
Caudal	1,0 ml /min.
Modo de bomba	Isocrático
Volume de injeção	10 µl
Comprimento de onda	275 nm
Temperatura da coluna	25°C
Tempo de execução	20 min

5.6.1.5 Otimização dos parâmetros cromatográficos

A otimização em HPLC é o processo de identificação de um conjunto de condições que separam eficazmente e permitem a quantificação dos analitos do material endógeno com exatidão, precisão, sensibilidade, especificidade, custo, facilidade e rapidez aceitáveis.

A coluna RP-HPLC Zodic C_{18} (4,6 * 250, 5 µm) foi utilizada para a separação da boeravinona B, o que permite uma resolução e um tempo de execução satisfatórios. A fase móvel foi optimizada tendo em vista a obtenção da boeravinona B. Inicialmente, tentou-se utilizar acetonitrilo, metanol e água em várias proporções como fase móvel, mas observou-se uma diminuição do pico. Tentou-se ajustar o pH da fase aquosa combinando acetonitrilo e água para a resolução do fármaco, mas o problema não foi resolvido. Por fim, obteve-se uma boa resolução e um pico simétrico para a boeravinona B quando se utilizaram modificadores da fase móvel para ajustar o pH com ácido ortofosfórico e uma combinação de metanol e água. O caudal da fase móvel foi de 1,0 ml/min. Nas condições cromatográficas óptimas, o tempo de retenção da boeravinona B foi de 4,7 minutos e a deteção foi efectuada a 275 nm.

Tabela 5.5: Condições cromatográficas finais para o método UHPLC

Modo cromatográfico	**Condição cromatográfica**
Sistema HPLC	Thermo Scientific, sistema Vanquish UHPLC
Bomba	Bomba quaternária
Detetor	UV Visível
Processador de dados	Chromeleon 7.2
Fase estacionária	Coluna RP-HPLC de Zodic C_{18} (4,6 * 250, 5 µm)
Fase móvel	Metanol: 0,1 % de OPA em água (80: 20, v/v)
Comprimento de onda de deteção	275 nm
Caudal	1,0 mL/min
Tamanho da amostra	10 µL

5.6.1.6 Preparação de soluções-mãe padrão: Transferir 10 mg de boeravinona B para um balão volumétrico de 10 mL e adicionar 7 mL de mistura de solventes, sonicar durante 15 min. Perfazer o volume com a mistura de solventes e misturar bem. (A concentração de Boeravinona B foi de 1000 µg/mL).

5.6.1.7 Preparação da amostra

5.6.1.7.1 Formulação farmacêutica/fitoterápica

Foram tomados 10 comprimidos de formulação de Boeravinone B (PUNARNAVA *Boerhavia diffusa* Tablet; Fabricado por Merlion Naturals) (Equivalente a Boeravinone B). 50 mg de pó da formulação foram transferidos para um balão volumétrico de 50 mL e, em seguida, adicionar 25 mL de mistura de solventes, sonicar durante 25-30 min. com agitação e, em seguida, filtrar utilizando uma membrana de 0,2 µ. A amostra filtrada de 1 mL foi colocada num balão volumétrico de 10 mL e completada com diluente e bem misturada. (Conc. 100 µg/mL)

5.6.1.8 Otimização do pH da fase móvel

A partir das condições cromatográficas, observou-se que o ácido ortofosfórico era adequado para a boeravinona B.

5.6.1.9 Estudos de linearidade

A partir da solução padrão de reserva, foram transferidas alíquotas para uma série de balões volumétricos de 10 mL e diluídas até à marca com a fase móvel para obter uma concentração final na gama de 10 - 60 µg/mL. Foi injetado um volume constante de cada amostra. Todas as medições foram repetidas cinco vezes para cada concentração e a curva de calibração foi construída traçando a área do pico *em função* da concentração de Boeravinona B.

5.6.1.10 Análise da formulação à base de plantas

Para a determinação do teor de boeravinona B na formulação, foram pesados com exatidão e pulverizados vinte comprimidos (500 mg). Uma quantidade de pó equivalente a 100 mg da formulação foi pesada e transferida para um balão volumétrico de 100 mL contendo cerca de 100 mL de mistura de solventes. A solução foi filtrada através de papel de filtro de membrana de 0,45 µ. 1 mL de amostra filtrada foi recolhido num balão volumétrico de 10 mL e o volume foi ajustado com diluente e bem misturado. As soluções de amostra foram injectadas na coluna seis vezes. As concentrações foram calculadas a partir da sua curva de linearidade. O desvio padrão relativo não deve ser superior a 2,0%.

5.6.2Validação

O método proposto foi validado de acordo com a diretriz ICH (Q2A).

5.6.2.1 Exatidão

Foi efectuado um estudo de recuperação utilizando o método de adição padrão a 50%, 100% e 150%; foi adicionada uma quantidade conhecida de boeravinona B padrão à amostra pré-analisada (10,0µ g/mL de boeravinona B) e submetida ao método UHPLC proposto; a recuperação percentual deve situar-se entre 98% e 102%.

5.6.2.2 Precisão

A precisão do método foi verificada através de estudos de repetibilidade e de precisão intermédia. A precisão intradiária foi estudada analisando 20, 30, 40 µg/mL de boeravinona B por três vezes no mesmo dia. A precisão inter-dia foi verificada analisando a mesma concentração em três dias diferentes durante um período de uma semana. A repetibilidade foi medida através da análise de 10µ g/mL de boeravinona B por seis vezes. A percentagem de RSD não deve ser superior a 3%.

5.6.2.3 Robustez

A partir das soluções de reserva, foi preparada uma solução de amostra de 60 µg/mL de boeravinona B, que foi analisada por dois analistas diferentes em condições operacionais e ambientais semelhantes. A área do pico foi medida seis vezes para soluções com a mesma concentração; a % de quantidade encontrada deve situar-se entre 98% e 102%. O desvio-padrão relativo da % não deve ser superior a 2,0%.

5.6.2.4 Robustez

A robustez do método foi estudada alterando deliberadamente alguns parâmetros, *nomeadamente* a composição da fase móvel, a concentração de ácido (modificadores de pH) e o caudal. Os efeitos sobre os resultados foram estudados injectando 10 µg/mL de boeravinona B; foi alterado um fator de cada vez para estimar o efeito.

5.6.2.5 Sensibilidade

O limite de quantificação é um parâmetro do ensaio quantitativo para baixos níveis de compostos em matrizes de amostras e é utilizado particularmente para a determinação de impurezas e/ou produtos de degradação. O limite de deteção (LOD) e o limite de quantificação (LOQ) foram determinados utilizando as seguintes fórmulas. LOD = 3,3 (DP)/S; LOQ = 10 (DP)/S; em que DP = desvio-padrão da resposta, S = declive da curva de calibração.

5.7 Estudo da especificidade e seletividade da boeravinona B

As substâncias a analisar não devem sofrer interferências de outros componentes estranhos e devem ser bem resolvidas a partir deles. A especificidade é um procedimento para detetar quantitativamente a substância a analisar na presença de componentes que se pode esperar que estejam presentes na matriz da amostra, enquanto a seletividade é o procedimento para detetar qualitativamente a substância a analisar na presença de componentes que se pode esperar que estejam presentes na matriz da amostra.

O método é bastante seletivo. Não se registou qualquer outro pico interferente em torno do tempo de retenção da boeravinona B; além disso, a linha de base não apresentou qualquer ruído significativo.

CAPÍTULO 6 RESULTADOS E DISCUSSÃO

6.1 Conformação do marcador

A conformação do composto marcador foi efectuada utilizando espetroscopia FTIR e comparando os dados obtidos com a literatura.

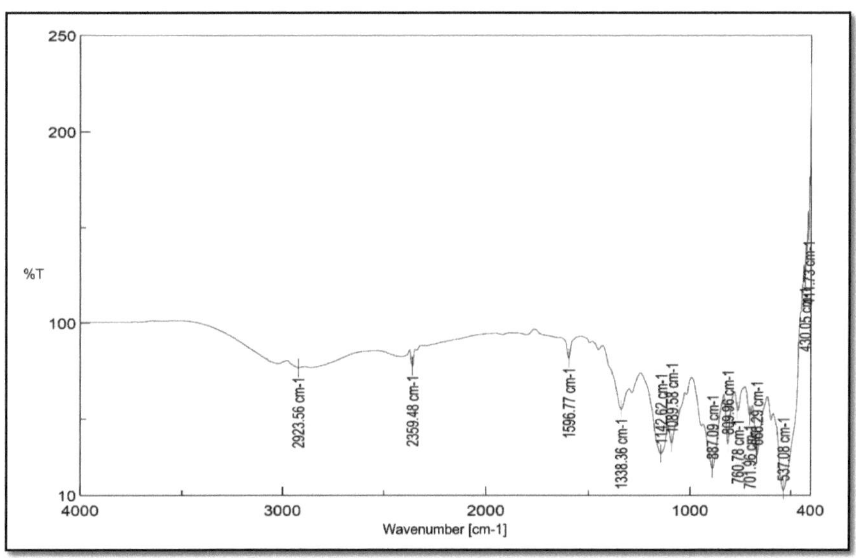

Fig. 6.1: Espectro FTIR do composto marcador (Boeravinona B)

6.2 Método I

6.2.1 Desenvolvimento e validação do método de cromatografia em camada fina de alto desempenho para a estimativa da boeravinona B na formulação à base de plantas

6.2.1.1 Seleção de solventes

Tendo em conta as caraterísticas do fármaco e as propriedades do solvente, a solubilidade da Boeravinona B foi verificada em diferentes solventes. Finalmente, o metanol foi selecionado como solvente para dissolver o fármaco.

6.2.1.2 Seleção da fase estacionária

A identificação e a determinação do fármaco foram efectuadas em placas TLC (10 cm × 10 cm. espessura da camada 0,2 mm, E-Merck, Darmstadt, Alemanha) de sílica gel 60 F_{254} com suporte de alumínio, previamente lavadas com metanol.

6.2.1.3 Seleção e otimização da fase móvel

Foram experimentados os seguintes solventes para a resolução da Boeravinona B e a seleção do solvente na fase móvel é apresentada na Tabela 6.1.

Tabela 6.1: Otimização da fase móvel para identificação e determinação da Boeravinona B

Sr. n°.	**Solventes**	**Proporção (ml)**	***R_f* de Boeravinone B**
1	Acetato de etilo: Metanol	6:4	R_f não adequado
2	Acetato de etilo: Etanol	6:4	R_f não adequado
3	Tolueno: Acetato de etilo: Etanol	5:3:2	R_f não adequado
4	Tolueno: Acetato de etilo: Etanol: Ácido fórmico	4:4:1.5:0.5	R_f não adequado
5	Acetato de etilo: Etanol: Ácido fórmico	4:3.5:2:0.5	R_f não adequado
6	Tolueno: Acetato de etilo: Metanol: Ácido acético	6.5:1.5:1.5:0.5	**Ponto resolvido**

Inicialmente, foram experimentadas diferentes fases móveis, mas observou-se o arrastamento de manchas e o desaparecimento de manchas. Por fim, utilizou-se Tolueno: Acetato de etilo: Metanol: Ácido acético em proporções variáveis; a fase móvel constituída por (6,5:1,5:1,5:0,5) (*v/v*) deu boa resolução, pico nítido e simétrico com valor R_f 0,49 para a Boeravinona B.

6.2.1.4 Seleção do comprimento de onda de deteção

Para a identificação da Boeravinona B na formulação à base de plantas, foram selecionados máximos de absorção a 275 nm. Por conseguinte, foi selecionado como comprimento de onda de deteção para análise posterior.

6.2.1.5 Instrumentação e condições cromatográficas

A cromatografia foi efectuada numa placa de alumínio de 10 cm x 10 cm revestida com uma camada de 0,2 mm de gel de sílica 60 F254 (E. Merck, Alemanha). As amostras foram aplicadas na placa sob a forma de bandas de 6 mm de largura, utilizando o aplicador Linomat 5 da Camag (Muttenz, Suíça) equipado com uma seringa de 100 µl (Hamilton, Suíça). A taxa de aplicação foi constante a 150 nl sec^{-1} e o espaço entre duas bandas foi de 14 mm. A fase móvel era constituída por Tolueno: Acetato de etilo: Metanol: Ácido acético (6,5:1,5:1,5:0,5). O desenvolvimento linear ascendente da placa foi efectuado numa câmara de vidro de calha dupla previamente saturada com a fase móvel durante 15 minutos à temperatura ambiente (25^0C ± 2) e humidade relativa de 60 % ± 5. O comprimento do cromatograma foi de aproximadamente 80 mm. Após a revelação, a placa foi retirada e seca em corrente de ar. A leitura densitométrica foi efectuada a 275 nm utilizando o scanner Camag TLC 3.

6.2.1.6 Condições cromatográficas finalizadas para o método HPTLC

Depois de examinar os resultados das condições experimentais iniciais, as condições cromatográficas finais de trabalho estão resumidas na tabela 6.2.

Tabela 6.2: Condições cromatográficas finais para o método HPTLC

Parâmetros	**Especificações**
Fase estacionária	Placas de TLC de sílica gel 60 F_{254} S com enchimento de alumínio (10×10 cm, espessura da camada 0,2 mm, E-Merck, Darmstadt, Alemanha), previamente lavadas com metanol
Fase móvel	Tolueno: Acetato de etilo: Metanol: Ácido acético (6,5:1,5:1,5:0,5)
Saturação da câmara	15 minutos
Distância de migração	80 mm
Ativação da placa pré-lavada	10 minutos
Largura da banda	6 mm
Dimensões da fenda	6,00 x 0,45 mm
Fonte de radiação	Lâmpada de deutério
Comprimento de onda de varrimento	275 nm
Distância entre bandas	14,0 mm

6.2.1.7 Preparação da solução-mãe padrão

Transferiu-se 1 mg de boeravinona B, pesada com exatidão, para um balão volumétrico de 10 ml e dissolveu-se em 100 ml de metanol para obter uma concentração de 100 µg/ml.

6.2.1.8 Estudo de linearidade da boeravinona B

Com a ajuda de uma seringa de microlitros, aplicaram-se na placa TLC diferentes volumes de 500-3000 ng/ponto de Boeravinone B, utilizando o aplicador de amostras Linomat 5. A placa foi revelada e analisada nas condições cromatográficas acima estabelecidas. A área do pico foi registada para cada concentração do fármaco; as observações são apresentadas no quadro 6.3 e a curva de calibração foi representada como concentração *Vs* área do pico Fig. 6.2.

Quadro 6.3: Estudo de linearidade da boeravinona B

N.º Sr.	Concentração de Boeravinona B em [ng/ponto]	Média da área de pico ± S.D. [n = 3]	% R.S.D.
1	500	640,66± 5,	0.8951
2	1000	1028.33± 5.31	0.5166
3	1500	1465.33± 9.09	0.6204
4	2000	1936± 3.85	0.1993
5	2500	2383.33± 5.31	0.2229
6	3000	2775.33± 5.31	0.1914

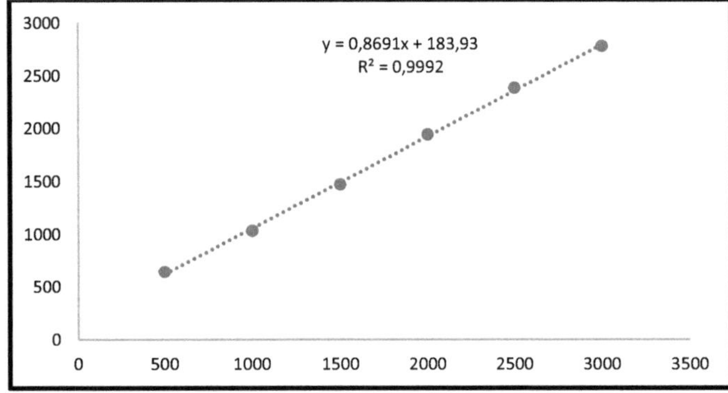

Fig. 6.2: Curva de calibração para a boeravinona B

Y = 0,8691x + 183,93; Coeficiente de correlação = 0,9992; Interceção = 183,93, Declive = 0,8691

Critérios de aceitação: O coeficiente de correlação não deve ser inferior a 0,995.

Conclusão: O coeficiente de correlação é de 0,999. Por conseguinte, o método HPTLC para a boeravinona B é linear.

6.2.1.9 Análise da formulação farmacêutica/à base de plantas

Para determinar a concentração de Boeravinone B nos comprimidos, os conteúdos de Ten Tablet (PUNARNAVA *Boerhavia diffusa* Tablet; Fabricado por Merlion Naturals) foram pesados, o seu peso médio foi determinado e foram finamente esmagados e pesados. O pó equivalente a 10 mg de Boeravinone B foi pesado. A boeravinona B do pó foi extraída com metanol. Para garantir a extração completa da boeravinona B, procedeu-se à sonicação durante 30 minutos e o volume foi aumentado para 100 ml. A solução resultante foi filtrada com um filtro de 0,45 μm (Millifilter, Milford, MA). A solução acima referida (10 μl, 1000 ng por ponto) foi aplicada numa placa TLC, seguida de revelação e digitalização. A análise foi repetida em triplicado. A concentração foi determinada por equação de regressão; a percentagem de desvio-padrão relativo não deve ser superior a 2,0%. Os resultados são apresentados na tabela 6.4

Tabela 6.4: Análise da formulação por HPTLC

Medicamentos	**Quantidade tomada (ng/banda)**	**Quantidade encontrada (ng)**	**Montante encontrado %**
Formulação	1500	1479.77	98.65
	1500	1511.98	100.79
	1500	1495.88	99.72
	1500	1498.18	99.87
	1500	1484.37	98.95
	1500	1505.08	100.33
	Média± SD	1495.88± 11.1160	99,72± 0,74
	%RSD	0.7431	0.7431

6.2.2 Validação

O método foi validado de acordo com as diretrizes da CIH.

6.2.2.1

As experiências de recuperação foram efectuadas a três níveis diferentes, ou seja, 50, 100 e 150 %. Para as soluções de amostra pré-analisadas, foi aplicada uma quantidade conhecida de solução-padrão de Boeravinone B em três níveis diferentes. O cromatograma foi desenvolvido e analisado. Os resultados da % de recuperação são apresentados no quadro 6.5.

Tabela 6.5: Resultados dos estudos de recuperação da boeravinona B

Medicamentos	Montante inicial [ng]	Quantidade adicionada [ng]	Montante recuperado ± S.D.	% Recuperado	% R.S.D.
Boeravinone B	1000	50 %	1482,84± 9,12	98.85	0.6153
	1000	100 %	2018.26± 7.09	100.91	0.3514
	1000	150 %	2532.96± 5.50	101.31	0.2173

6.2.2.2 Precisão (precisão intra-dia e inter-dia)

A precisão do método foi determinada através das variações intra-dia e inter-dia. A variação intradiária foi determinada analisando 1500, 2000, 2500 ng/spot da solução-padrão de boeravinona B três vezes no mesmo dia. A precisão inter-dia foi determinada analisando 1500, 2000, 2500 ng/spot da solução-padrão de boeravinona B durante três dias consecutivos ao longo de um período de uma semana. Os resultados são apresentados nos quadros 6.6 e 6.7.

Quadro 6.6: Resultados dos estudos de precisão para a Boeravinona B (Inter - dia)

Medicamentos	Concentração [ng/ponto]	Inter-dia			
		Área de pico Média± S.D.	% R.S.D. [n = 3]	Montante encontrado	% Montante Encontrado
Boeravinone B	1500	1470.66± 5.4365	0.3696	1480.54± 6.2553	98.7
	2000	1934.33± 5.7927	0.2994	2014.04± 6.6651	100.7
	2500	2384± 3.7416	0.1569	2531.43± 4.3052	101.25

Quadro 6.7: Resultados dos estudos de precisão para Boeravinone B (Intra - dia)

Medicamentos	Concentração [ng/ponto]	Intradiário			
		Área de pico Média± S.D.	% R.S.D. [n = 3]	Montante encontrado	% Montante Encontrado
Boeravinone B	1500	1473± 11.5181	0.7819	1483.22± 13.2529	98.88
	2000	1935± 11.5758	0.5982	2014.81± 13.3193	100.74
	2500	2380± 7.118	0.299	2526.83± 8.1901	101.07

6.2.2.3Repetibilidade

A repetibilidade da aplicação da amostra foi avaliada colocando 15 µL contendo 1500 ng/spot de boeravinona B padrão numa placa TLC em triplicado, revelando e digitalizando; os resultados são apresentados no quadro 11. A mancha separada foi analisada 6 vezes sem alterar as posições da placa. A percentagem de RSD não deve ser superior a 2%.

Quadro 6.8: Resultados dos estudos de repetibilidade da boeravinona B

Sr. nº.	Volume de aplicação [µL]	Zona de Boeravinone B
1	1500	1467
2	1500	1458
3	1500	1481
4	1500	1486
5	1500	1487
6	1500	1491
Média		1478.33
S.D.		11.8556
%R.S.D.		0.8019

6.2.2.4 Sensibilidade

A sensibilidade das medições da boeravinona B utilizando o método proposto foi estimada em termos do limite de deteção (LD) e do limite de quantificação (LQ). O LOD e o LOQ foram calculados utilizando a equação LOD = 3,3 x N/B e LOQ = 10 x N/B, em que "N" é o desvio-padrão das áreas dos picos dos fármacos (n = 3), considerado como uma medida de ruído, e "B" é o declive da curva de calibração correspondente. Verificou-se que a equação de linearidade é y = 0,8691x + 183,93. Os valores de LOD e LOQ para a boeravinona B foram de **298,64** ng e **904,98** ng, respetivamente.

Quadro 6.9: Resultados dos estudos de sensibilidade da boeravinona B

Sr. nº.	Volume de aplicação [ng/ponto]	Área de Boeravinone B Média ± DP	% RSD
1	500	640,66± 5,73	0.8951
2	1000	1028.33± 5.31	0.5166
3	1500	1465.33± 9.09	0.6204
4	2000	1936± 3.85	0.1993
5	2500	2383.33± 5.31	0.2229
6	3000	2775.33± 5.31	0.1914
LOD = (3,3* DP médio) / Declive		**298.64**	
LOQ = (10* Avg SD) / Declive		**904.98**	

6.2.2.5 Robustez

A robustez do método proposto foi estudada por dois analistas diferentes, utilizando as mesmas condições experimentais e ambientais. A banda de 1500 ng/banda de boeravinona B foi aplicada em placas HPTLC. O desenvolvimento e a varrimento das bandas foram efectuados como descrito acima. Este procedimento foi repetido em triplicado; a % RSD não deve ser superior a 2%; os resultados são apresentados no quadro 6.10.

Quadro 6.10: Resultados da robustez da Boeravinona B

Analista	Quantidade encontrada de Boeravinona B (%)	%RSD [n=3]
I	99,44± 0,9833	0.92849
II	99,63± 0,6254	0.62769

6.2.2.6 Robustez

A robustez do método foi estudada através da alteração deliberada de alguns parâmetros, *nomeadamente* a alteração da composição da fase móvel **e** a estabilidade da solução de reserva. Os efeitos nos resultados foram estudados aplicando 1000,0 ng/banda de boeravinona B e alterando um fator de cada vez para estimar o efeito; os resultados são apresentados no quadro 6.11.

Quadro 6.11: Resultados dos estudos de robustez para a boeravinona B

Parâmetros	**Boeravinone B**	
	DP da área do pico	**% RSD**
Composição da fase móvel		
a Tolueno: Acetato de etilo: Metanol: Ácido acético (7:1:1,5:0,5)	8.75	4.2
b Tolueno: Acetato de etilo: Metanol: Ácido acético (6,5:2:1:0,5)	10.78	3.5
Volume da fase móvel (mL)		
5	09.51	2.3
8	05.54	1.9
Distância de desenvolvimento (mm)		
70	10.14	2.7
75	12.46	1.5
80	07.26	1.9
Humidade relativa (%)		
55	15.44	1.2
65	11.78	0.9
Duração da saturação (min)		
20	10.30	3.91
25	12.45	1.74
30	06.45	2.39
Ativação de placas TLC pré-lavadas (min)		

08	5.54	1.89
10	6.74	0.94
12	9.65	1.14

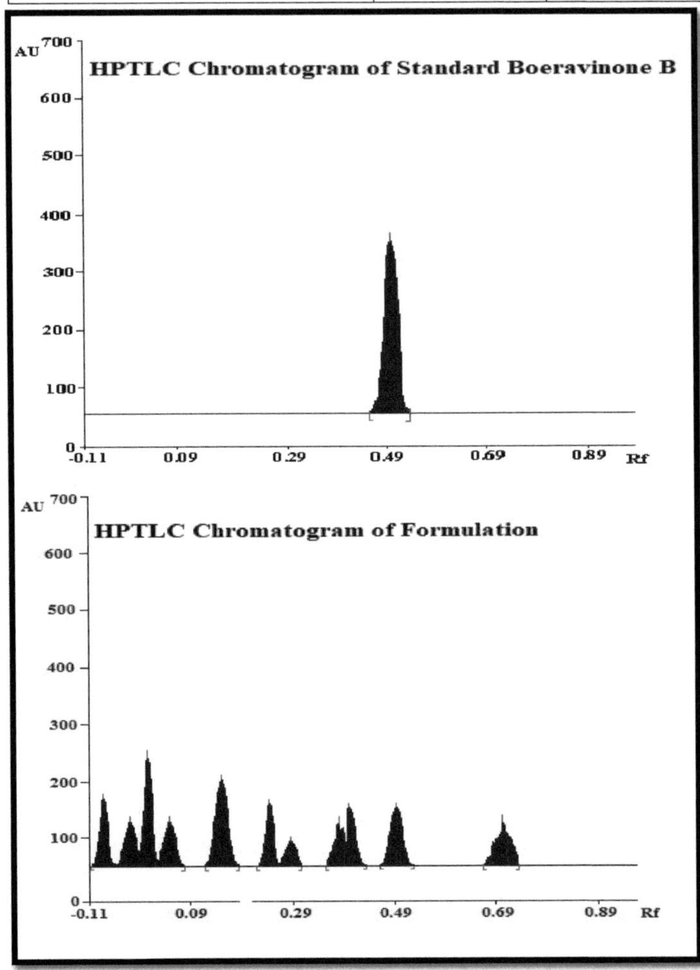

Fig. 6.3: Cromatograma HPTLC da Boeravinona B padrão e da formulação

6.3 Método II

6.3.1 Desenvolvimento e validação do método analítico para a determinação da boeravinona na formulação à base de plantas pelo método RP-UHPLC.

6.3.1.1 Seleção do modo cromatográfico

A Cromatografia Líquida de Alta Eficiência de Fase Reversa foi selecionada para o desenvolvimento.

6.3.1.2 Otimização do comprimento de onda de deteção

O detetor de UV foi selecionado por ser fiável e fácil de ajustar ao comprimento de onda correto. Uma concentração fixa de analito foi medida em diferentes comprimentos de onda. O espetro da boeravinona B foi obtido a 275 nm.

6.3.1.3 Seleção da fase móvel

A seleção foi feita com base na pesquisa bibliográfica. Depois de avaliar a solubilidade do fármaco em diferentes solventes, bem como com base na pesquisa bibliográfica; Metanol: 0,1 % Ortofosfórico em Água.

6.3.1.4 Seleção do método cromatográfico

ENSAIO 1:

No primeiro ensaio, foram estabelecidas condições extremas de parâmetros como 100 % de fase orgânica, caudal de 1,0 ml/min, uma fase estacionária com elevada carga de carbono e o detetor de UV. As condições do ensaio são as seguintes

Condições cromatográficas

Sistema HPLC	:	Sistema Vanquish UHPLC
Coluna	:	C_{18} (250 × 4,6 mm, 5μ)
Fase móvel	:	Acetonitrilo: Metanol: Água (0,1 % OPA) (70:25:5, v/v)
Caudal	:	1,0 ml /min.
Modo de bomba	:	Isocrático
Volume de injeção	:	10 μl
Comprimento de onda	:	275 nm
Temperatura da coluna	:	25°C
Tempo de execução	:	20 min

TESTE 2:

No segundo ensaio, foram estabelecidas condições extremas de parâmetros como 100 % de fase orgânica, caudal de 1,0 ml/min, uma fase estacionária com elevada carga de carbono e o detetor de UV. As condições do ensaio são as seguintes

Condição cromatográfica

Sistema HPLC	:	Sistema Vanquish UHPLC
Coluna	:	C_{18} (250 × 4,6 mm, 5µ)
Fase móvel	:	Acetonitrilo: Metanol: (60:40 v/v)
Caudal	:	1,0 ml /min.
Modo de bomba	:	Isocrático
Volume de injeção	:	10 µl
Comprimento de onda	:	275 nm
Temperatura da coluna	:	25°C
Tempo de execução	:	20 min

ENSAIO 3:

No terceiro ensaio, foram estabelecidas condições extremas de parâmetros como 100 % de fase orgânica, caudal de 1,0 ml/min, uma fase estacionária com elevada carga de carbono e o detetor de UV. As condições do ensaio são as seguintes

Condições cromatográficas

Sistema HPLC	:	Sistema Vanquish UHPLC
Coluna	:	C_{18} (250 × 4,6 mm, 5µ)
Fase móvel	:	Acetonitrilo: Metanol (75:25, v/v)
Caudal	:	1,0 ml /min.
Modo de bomba	:	Isocrático
Volume de injeção	:	10 µl
Comprimento de onda	:	275 nm
Temperatura da coluna	:	25°C
Tempo de execução	:	20 min

ENSAIO 4:

No quarto ensaio, foram estabelecidas condições extremas de parâmetros como 100 % de fase orgânica, caudal de 1,0 ml/min, uma fase estacionária com elevada carga de carbono e o detetor de UV. As condições do ensaio são as seguintes

Condições cromatográficas

Sistema HPLC	:	Sistema Vanquish UHPLC
Coluna	:	C_{18} (250 × 4,6 mm, 5μ)
Fase móvel	:	Metanol: 0,1 % OPA (55:45, v/v)
Caudal	:	1,0 ml /min.
Modo de bomba	:	Isocrático
Volume de injeção	:	10 μl
Comprimento de onda	:	275 nm
Temperatura da coluna	:	25°C
Tempo de execução	:	20 min

6.3.1.5 Otimização dos parâmetros cromatográficos

A otimização em HPLC é o processo de identificação de um conjunto de condições que separam eficazmente e permitem a quantificação dos analitos do material endógeno com exatidão, precisão, sensibilidade, especificidade, custo, facilidade e rapidez aceitáveis.

A coluna RP-HPLC Zodic C_{18} (4,6 * 250, 5 μm) foi utilizada para a separação da boeravinona B, o que permite uma resolução e um tempo de execução satisfatórios. A fase móvel foi optimizada tendo em vista a obtenção da boeravinona B. Inicialmente, tentou-se utilizar acetonitrilo, metanol e água em várias proporções como fase móvel, mas observou-se uma diminuição do pico. Tentou-se ajustar o pH da fase aquosa combinando acetonitrilo e água para a resolução do fármaco, mas o problema não foi resolvido. Por fim, obteve-se uma boa resolução e um pico simétrico para a boeravinona B quando se utilizaram modificadores da fase móvel para ajustar o pH com ácido ortofosfórico e uma combinação de metanol e água. O caudal da fase móvel foi de 1,0 ml/min. Nas condições cromatográficas óptimas, o tempo de retenção da boeravinona B foi de 4,7 minutos e a deteção foi efectuada a 275 nm.

Tabela 6.12: Condições cromatográficas finais para o método UHPLC

Modo cromatográfico	Condição cromatográfica
Sistema HPLC	Thermo Scientific, sistema Vanquish UHPLC
Bomba	Bomba quaternária
Detetor	UV Visível
Processador de dados	Chromeleon 7.2
Fase estacionária	Coluna RP-HPLC de Zodic C_{18} (4,6 * 250, 5 μm)
Fase móvel	Metanol: 0,1 % de OPA em água (80: 20, v/v)
Comprimento de onda de deteção	275 nm
Caudal	1,0 mL/min
Tamanho da amostra	10 μL

6.3.1.6 Preparação de soluções-mãe padrão:

Transferir 10 mg de Boeravinona B para um balão volumétrico de 10 ml e adicionar 7 ml de mistura de solventes, sonicando durante 15 minutos. Perfazer o volume com a mistura de solventes e misturar bem. (A concentração de Boeravinona B foi de 1000 μg/mL).

6.3.1.7 Preparação das amostras

Formulação farmacêutica/fitoterápica

Foram tomados 10 comprimidos de formulação de Boeravinone B (PUNARNAVA *Boerhavia diffusa* Tablet; Fabricado por Merlion Naturals) (Equivalente a Boeravinone B). 50 mg de pó da formulação foram transferidos para um balão volumétrico de 50 mL e, em seguida, adicionar 25 mL de mistura de solventes, sonicar durante 25-30 min. com agitação e, em seguida, filtrar utilizando uma membrana de 0,2 μ. A amostra filtrada de 1 mL foi colocada num balão volumétrico de 10 mL e completada com o diluente e bem misturada. (Conc. 100 μg/mL)

6.3.1.8 Otimização do pH da fase móvel

A partir das condições cromatográficas, observou-se que o ácido ortofosfórico era adequado para a boeravinona B.

6.3.1.9 Estudos de linearidade

A partir da solução padrão de reserva, foram transferidas alíquotas para uma série de balões volumétricos de 10 mL e diluídas até à marca com a fase móvel para obter uma concentração final na gama de 10 - 60 µg/mL. Foi injetado um volume constante de cada amostra. Todas as medições foram repetidas cinco vezes para cada concentração e a curva de calibração foi construída traçando a área do pico *em função* da concentração de Boeravinona B. As observações são apresentadas na Tabela 6.13, enquanto as curvas de calibração são apresentadas na Figura 6.4.

Tabela 6.13: Estudo de linearidade da Boeravinona B (UHPLC)

N.º Sr.	**Concentração de Boeravinona B [µ g/mL]**	**Área de pico (mAU*min) [Média ± DP; n = 3]**	**% RSD**
1	10	1,3456± 0,005	0.3740
2	20	2,679± 0,004	0.1493
3	30	4,075± 0,006	0.1472
4	40	5,5273± 0,004	0.0731
5	50	6,7316± 0,006	0.0895
6	60	8,0316± 0,003	0.0437

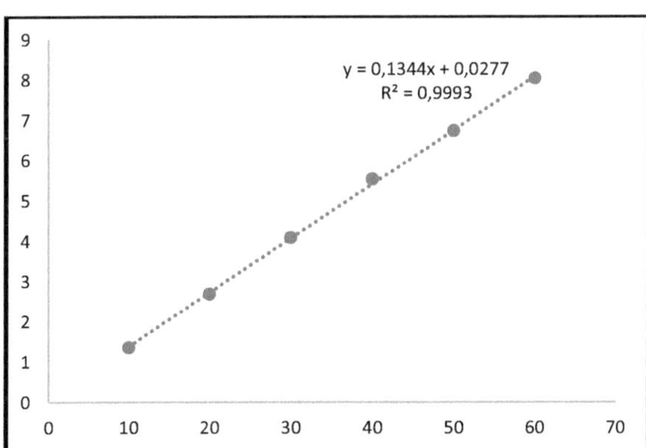

Fig. 6.4: Curva de calibração da boeravinona B

Y = 0,1344x + 0,0277;

Onde, Coeficiente de correlação = 0,9993, Declive = 0,1344; Interceção = 0,0277

Critérios de aceitação: O coeficiente de correlação não deve ser inferior a 0,995.

Conclusão: O coeficiente de correlação é de 0,9993. Por conseguinte, o método UHPLC para a boeravinona B é linear.

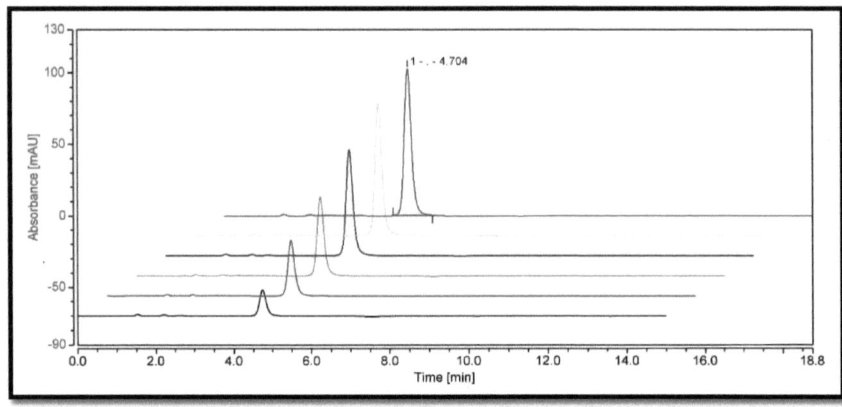

Fig. 6.5: Gráfico de calibração RP-UHPLC da boeravinona B

6.3.1.10 Análise da formulação à base de plantas

Para a determinação do teor de Boeravinone B na formulação, foram pesados com exatidão e pulverizados vinte comprimidos (500 mg). Foi pesada uma quantidade de pó equivalente a 100 mg da formulação e transferida para um balão volumétrico de 100 mL contendo cerca de 100 mL de mistura de solventes. A solução foi filtrada através de papel de filtro de membrana de 0,45 μ. 1 mL de amostra filtrada foi recolhido num balão volumétrico de 10 mL e o volume foi ajustado com diluente e bem misturado. As soluções de amostra foram injectadas na coluna seis vezes. As concentrações foram calculadas a partir da sua curva de linearidade. O desvio padrão relativo não deve ser superior a 2,0%. Os resultados são apresentados na tabela 6.14.

Tabela 6.14: Análise da formulação por UHPLC

Medicamentos	Quantidade tomada (µ g/mL)	Quantidade encontrada [µ g/mL]	Montante encontrado %
Boeravinone B	20	20.10	100.54
	20	19.98	99.91
	20	20.09	100.47
	20	20.26	101.32
	20	20.15	100.77
	20	20.26	101.32
	Média± SD	20,14± 0,0994	100,72± 0,49
	%RSD	0.4934	0.49

6.3.2 Validação

O método proposto foi validado de acordo com a diretriz ICH (Q2A).

6.3.2.1 Exatidão

Foi efectuado um estudo de recuperação utilizando o método de adição padrão a 50%, 100% e 150%; foi adicionada uma quantidade conhecida de Boeravinona B padrão à amostra pré-analisada (20,0µ g/mL de Boeravinona B) e submetida ao método UHPLC proposto; a recuperação percentual deve situar-se entre 98% e 102%, como se pode ver no quadro 6.15.

Quadro 6.15: Resultados dos estudos de recuperação para a boeravinona B

Medicamentos	Quantidade inicial [µ g/mL]	Excesso de medicamento adicionado à substância a analisar [%]	Quantidade recuperada± S.D [µ g/mL]	Recuperação [%]	%RSD [n = 3]
Boeravinone B	20	50	30,15± 0,0335	100.52	0.1109
	20	100	40,95± 0,0213	102.39	0.0520
	20	150	49,90± 0,0395	99.80	0.0792

6.3.2.2 Precisão

A precisão do método foi verificada através de estudos de repetibilidade e de precisão intermédia. A precisão intradiária foi estudada analisando 20, 30, 40 µg/mL de boeravinona B por três vezes no mesmo dia. A precisão inter-dia foi verificada analisando a mesma concentração em três dias diferentes durante um período de uma semana. A repetibilidade foi medida através da análise de 10µ g/mL de boeravinona B por seis vezes. A percentagem de RSD não deve ser superior a 3%. Os resultados são apresentados no quadro e a repetibilidade é apresentada nos quadros 6.16 e 6.17.

Quadro 6.16: Resultados do estudo de precisão para a Boeravinona B

Droga	**Conc. [µ g/mL]**	**Intra-dia Quantidade encontrada [µ g/mL] [n = 3]**		**Inter-dias Quantidade encontrada [µ g/mL] [n = 3]**	
		Média	**% RSD**	**Média**	**% RSD**
Boeravinone B	30	30,1188± 0,0574	0.1906	30.1114± 0.0445	0.1343
	40	40,9373± 0,0305	0.0746	40,9844± 0,0219	0.0534
	50	49,9129± 0,0182	0.0365	49,8832± 0,0219	0.0439

Quadro 6.17: Resultados do estudo de repetibilidade para a boeravinona B

Sr. nº.	**Conc. (µ g/mL)**	**Montante encontrado**
1	40	40.9322
2	40	40.9546
3	40	40.9769
4	40	41.0215
5	40	40.8727
6	40	40.9099
Média		40.9446
S.D.		0.04757
%R.S.D.		0.05176

6.3.2.3 Robustez

A partir das soluções de reserva, foi preparada uma solução de amostra de 60 µg/mL de boeravinona B, que foi analisada por dois analistas diferentes em condições operacionais e ambientais semelhantes. A área do pico foi medida seis vezes para soluções com a mesma concentração; a % de quantidade encontrada deve situar-se entre 98% e 102%. O desvio padrão relativo não deve ser superior a 2,0%. Os resultados são apresentados no quadro 6.18.

Quadro 6.18: Resultados do estudo de robustez Boeravinone B

Medicamentos	**Quantidade em µg/ml**	**Quantidade encontrada [n = 6] Média ± DP**		**% Quantidade encontrada [n = 6]**		**% RSD**	
		Analista I	**Analista II**	**Analista I**	**Analista II**	**Analista I**	**Analista II**
Boeravinone B	40	40.83 ± 0.0232	40.68 ± 0.0616	102,09± 0,058	101,71± 0,154	0.05705	0.1514

6.3.2.4Robustez

A robustez do método foi estudada alterando deliberadamente alguns parâmetros, *nomeadamente* a concentração de ácido (modificadores de pH) e o caudal. Os efeitos nos resultados foram estudados injectando 10 µg/mL de Boeravinona B; alterou-se um fator de cada vez para estimar o efeito; os resultados são apresentados no quadro 6.19.

Quadro 6.19: Resultados dos estudos de robustez Boeravinona B

Parâmetros	Boeravinone B R_t
Alteração do pH	
5.5	4.1
6.0	6.9
7.0	5.7
Alteração do caudal	
0,8 ml/min	8.2
1,2 ml/min	3.5
1,8 ml/min	2.3

6.3.2.5 Sensibilidade

O limite de quantificação é um parâmetro do ensaio quantitativo para baixos níveis de compostos em matrizes de amostras e é utilizado particularmente para a determinação de impurezas e/ou produtos de degradação. O limite de deteção (LOD) e o limite de quantificação (LOQ) foram determinados utilizando as seguintes fórmulas. LOD = 3,3 (SD)/S; LOQ = 10 (SD)/S; em que SD = desvio-padrão da resposta, S = declive da curva de calibração. Verificou-se que o LOD e o LOQ eram 6,58 μg e 19,95 μg para a boeravinona B

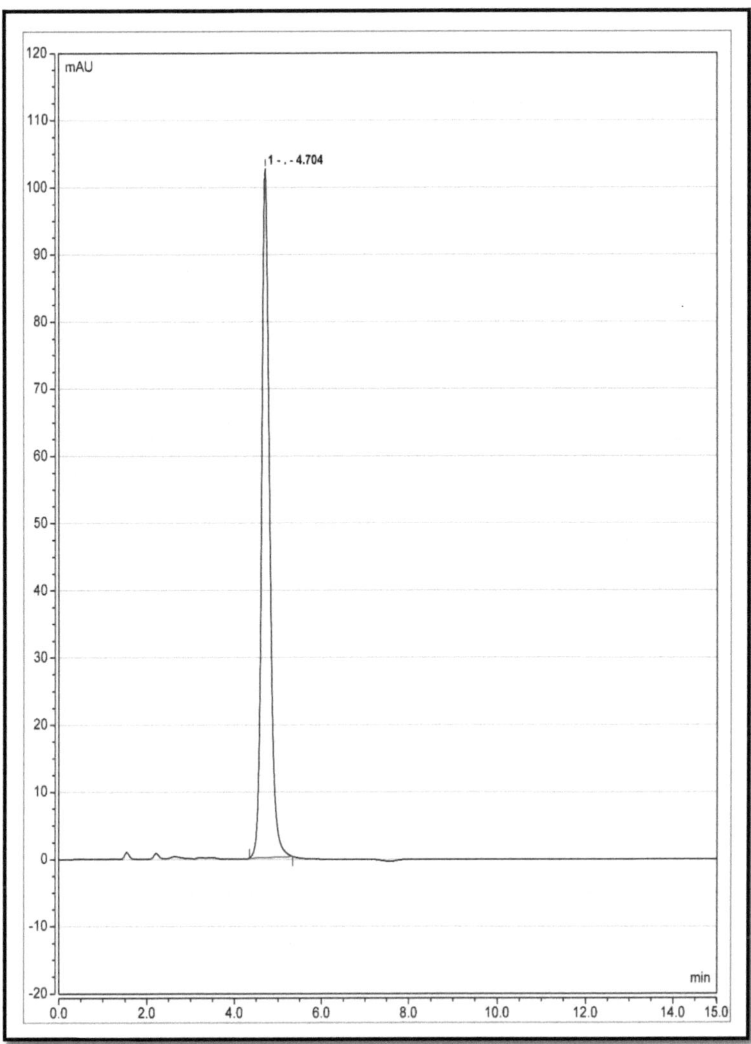

Fig. 6.6: Gráfico RP-HPLC da boeravinona B padrão

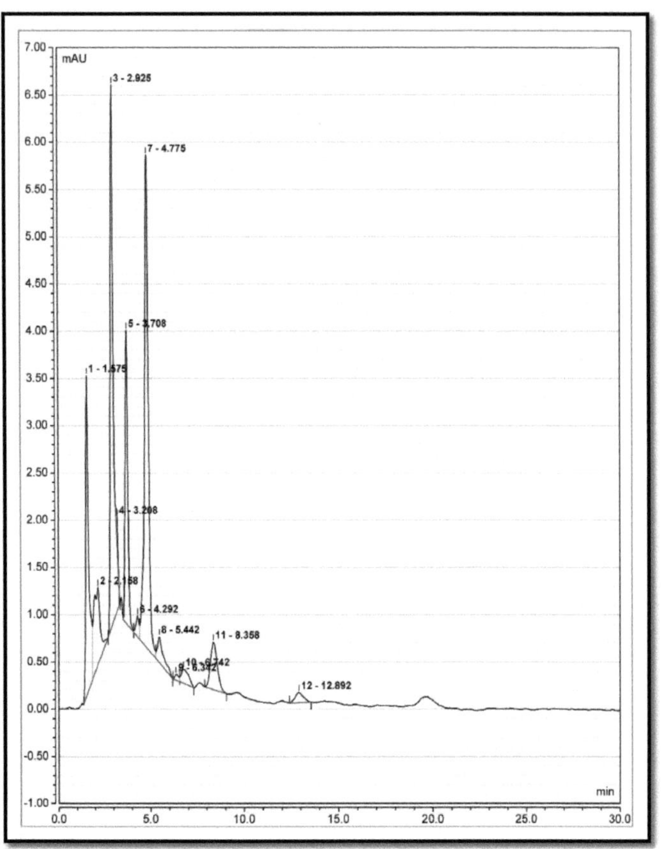

Fig. 6.7: Gráfico RP-HPLC da Formulação

6.4 Especificidade e seletividade

As substâncias a analisar não devem sofrer interferências de outros componentes estranhos e devem ser bem resolvidas a partir deles. A especificidade é um procedimento para detetar quantitativamente as substâncias a analisar na presença de componentes que se pode esperar que estejam presentes na matriz da amostra, enquanto a seletividade é o procedimento para detetar qualitativamente as substâncias a analisar na presença de componentes que se pode esperar que estejam presentes na matriz da amostra. O método é bastante seletivo. Não se registaram outros picos de interferência em torno do tempo de retenção da Boeravinona B; a linha de base também não apresentou qualquer ruído significativo

CAPÍTULO 7 RESUMO E CONCLUSÃO

7.1 Resumo

A Boerhaavia diffusa, também conhecida como punarnava, é uma planta medicinal nativa das regiões tropicais e subtropicais do mundo, incluindo a Índia, o Sudeste Asiático e as Américas. A planta é conhecida pelas suas propriedades medicinais e tem sido utilizada na medicina tradicional há séculos para tratar uma variedade de doenças. A raiz da *Boerhaavia diffusa* é usada medicinalmente e acredita-se que tenha propriedades diuréticas, laxantes e anti-inflamatórias. É habitualmente utilizada para tratar doenças dos rins e do trato urinário, bem como para reduzir a inflamação e o inchaço. Na medicina ayurvédica, *a Boerhaavia diffusa* é utilizada para tratar uma série de condições, incluindo asma, febre e doenças de pele. Existem algumas provas científicas que apoiam a utilização da *Boerhaavia diffusa* em determinadas condições. No entanto, é necessária mais investigação para compreender totalmente as propriedades medicinais da planta e para determinar a segurança e eficácia da sua utilização. É importante consultar um profissional de saúde antes de usar a *Boerhaavia diffusa* ou qualquer outra planta medicinal como tratamento.

Método I

Desenvolvimento e validação de um método de cromatografia em camada fina de alto desempenho para a estimativa de Boeravinone B numa formulação à base de plantas

A cromatografia foi efectuada numa placa de alumínio de 10 cm x 10 cm revestida com uma camada de 0,2 mm de gel de sílica 60 F254 (E. Merck, Alemanha). As amostras foram aplicadas na placa sob a forma de bandas de 6 mm de largura, utilizando o aplicador Linomat 5 da Camag (Muttenz, Suíça) equipado com uma seringa de 100 μl (Hamilton, Suíça). A taxa de aplicação foi constante a 150 nl sec^{-1} e o espaço entre duas bandas foi de 14 mm. A fase móvel era constituída por Tolueno: Acetato de etilo: Metanol: Ácido acético (6,5:1,5:1,5:0,5). O desenvolvimento linear ascendente da placa foi efectuado numa câmara de vidro de calha dupla previamente saturada com a fase móvel durante 15 minutos à temperatura ambiente (25^0C ± 2) e humidade relativa de 60 % ± 5. O comprimento do cromatograma foi de aproximadamente 80 mm. Após a revelação, a placa foi retirada e seca em corrente de ar. A leitura densitométrica foi efectuada a 275 nm utilizando o scanner Camag TLC 3.

Para a análise HPTLC, foram inicialmente experimentadas várias fases móveis na tentativa de obter a melhor separação e resolução da Boeravinona B; fase móvel constituída por

Acetato de etilo: Metanol; acetato de etilo: Etanol; Tolueno: Acetato de etilo: Etanol; Tolueno: Acetato de etilo: etanol: Ácido fórmico; acetato de etilo: Etanol: Ácido fórmico; em várias concentrações. O comprimento de onda de absorção significativo é de cerca de 275 nm e foi selecionado como comprimento de onda de deteção para a Boeravinona B e para a forma de dosagem à base de plantas da Boeravinona B. O RF médio é de 0,49. A curva de calibração foi linear no intervalo de concentração de 500-3000 ng/ponto e o coeficiente de correlação é 0,9992. Calculou-se o limite de deteção, que foi de 298,64 ng, e o limite de quantificação, que foi de 904,98 ng. O valor da precisão intra-dia e inter-dia (%RSD) foi calculado e situa-se nos limites aceitáveis ($\leq$2%) para a Boeravinona B. A exatidão da Boeravinona B foi avaliada pelos estudos de recuperação percentual a níveis de concentração de 50, 100 e 150%, tendo-se verificado que se situava nos limites aceitáveis de 98,0% - 102,0% ($\leq$2%). Isto indicou que não houve interferência dos excipientes presentes na formulação. A robustez do método proposto foi determinada com a ajuda de dois analistas diferentes e os resultados foram avaliados pelo valor %RSD e estavam num intervalo aceitável.

Método II

Desenvolvimento e validação de um método analítico para a determinação de Boeravinone numa formulação à base de plantas por RP- UHPLC.

Foi desenvolvido e validado um método RP-UHPLC para a determinação da Boeravinona B numa formulação à base de plantas. A análise UHPLC foi efectuada na coluna RP-HPLC Zodic C_{18}, (250 mm x 4,6 mm i.d., 5 µm) em modo isocrático, à temperatura ambiente, utilizando Metanol: 0,1 % OPA em Água (80: 20, v/v) como fase móvel**; o caudal** foi fixado em 1,0 mL/min. A deteção foi efectuada a 275 nm. O tempo de retenção da boeravinona B foi de 4,7 min. A linearidade da boeravinona B foi seguida no intervalo de concentração de 10 -60 µg/mL. O método foi sucessivamente aplicado para a determinação da boeravinona B em formulações à base de plantas. Não se registou qualquer interferência dos excipientes habitualmente presentes na Boeravinona B. A exatidão do método foi estudada através de estudos de recuperação em três níveis diferentes. Verificou-se que a % de recuperação se encontrava dentro dos limites dos critérios de aceitação no intervalo de 0,90 - 1,0. A precisão do método foi estudada como repetibilidade da aplicação da amostra, precisão intra-dia e inter-dia.

CAPÍTULO 8 REFERÊNCIAS

- ✓ Aati, H., El-gamal, A., Shaheen, H., Kayser, O., 2019. Uso tradicional de plantas nativas etnomedicinais no Reino da Arábia Saudita. J. Ethnobiol. Ethnomed. 15, 1-9.
- ✓ Arvindekar, A.U., Laddha, K.S., 2015. Uma extração eficiente assistida por micro-ondas de antraquinonas de Rheum emodi: Otimização usando RSM, análise UV e HPLC e estudos antioxidantes. Ind. Crop. Prod. https://doi.org/10.1016/j.indcrop.2015.12.066
- ✓ Aslam, N., Wani, A.A., Nawchoo, I.A., Bhat, M.A., 2014. Distribuição e importância medicinal de Peganum harmala: Uma revisão. Int. J. Adv. Res. 2, 751-755.
- ✓ Barla, S.J.E., 2006. Ethno-Medicinal Beliefs And Practices Among Tribals of Jharkhand (Crenças e práticas etno-medicinais entre tribos de Jharkhand) 221-240.
- ✓ Cock, I.E., Selesho, M.I., Vuuren, S.F. Van, 2019. Uma revisão do uso tradicional de plantas medicinais da África Austral para o tratamento da malária. J. Ethnopharmacol. 245, 112176. https://doi.org/10.1016/j.jep.2019.112176
- ✓ Katekhaye, S., Shinde, P., Laddha, K., 2011. Isolamento e desenvolvimento de método HPLC para PBP de ácido filixico de Dryopteris filix-mas. https://doi.org/10.7439/ijpp.v1i1.156
- ✓ Katekhaye, S.D., Kale, M.S., Laddha, K.S., 2012. Um método simples e melhorado para o isolamento de karanjin de Pongamia pinnata Linn. óleo de semente 3, 131-134.
- ✓ Kingston, C., Nisha, B.S., Kiruba, S., Jeeva, S., 2007. Plantas etnomedicinais usadas pela comunidade indígena num sistema de saúde tradicional. Ethnobot. Leafl. 11, 32-37.
- ✓ Mahomoodally, M.F., Protab, K., Aumeeruddy, M.Z., 2019. Plantas medicinais trazidas por imigrantes indianos contratados: Uma revisão comparativa dos usos etnofarmacológicos entre as Maurícias e a Índia. J. Ethnopharmacol. 234, 245-289. https://doi.org/10.1016/j.jep.2019.01.012
- ✓ N. Savithramma, M. Linga Rao*, P.Y. e R.H.B., 2012. Estudo etnobotânico da área florestal de Penchalakona do distrito de Nellore, Andhra Pradesh, Índia 4, 333-339.
- ✓ Nguyen, X.M.A., Bun, S.S., Ollivier, E., Dang, T.P.T., 2020. Estudo etnobotânico de plantas medicinais usadas pelo povo K'Ho-Cil para o tratamento de diarreia na província de Lam Dong, Vietname. J. Herb. Med. 19, 100320. https://doi.org/10.1016/j.hermed.2019.100320

- ✓ Rana, M.S., Samant, S.S., 2011. Diversidade, usos indígenas e estado de conservação de plantas medicinais no santuário de vida selvagem de Manali, no noroeste dos Himalaias. Indian J. Tradit. Knowl. 10, 439-459.
- ✓ Shinde, P.B., Laddha, K.S., 2014. Desenvolvimento de nova técnica de isolamento e desenvolvimento de método HPLC validado para khellin- Um constituinte principal de Ammi visnaga Lam . frutas 5, 40-43.
- ✓ Sughosh, M., Vishweshwar, S., Gokul, V., Gokul, C., Gujarathi, P.P., 2017. Uso infrequente de plantas medicinais da Índia no tratamento de picadas de cobra. Integr. Med. Res. 7, 9-26. https://doi.org/10.1016/j.imr.2017.10.003
- ✓ Zhang, X.R., Kaunda, J.S., Tao, H., Dong, Z., Chong, W., Yang, R., Jun, Y., 2019. O gênero Terminalia (Combretaceae): Uma revisão etnofarmacológica, fitoquímica e farmacológica, produtos naturais e bioprospecção. Springer Singapore. https://doi.org/10.1007/s13659-019-00222-3
- ✓ Stahl,E. 2001.Thin layer chromatography - A Laboratory Handbook, 2nd edn., Springer International Edition, pp. 1-30.
- ✓ Willwrd, HH, Merritt, JA. E Settle, FA. 1986. Instrumental method for analysis, 7th edn., CBS Publishers and Distributors, New Dehli, pp. 513-530.
- ✓ J. Mendum, R. C. Denny, e M. N. Thomas, Vogel's Text book of Quantitative Analysis, 6th edn., Pearson education ltd, 2004, pp. 268.
- ✓ E. Katz, Quantitative Analysis Using Chromatographic Techniques, Wiley India Pvt. Ltd.: 2009, pp. 193 -211.
- ✓ D. A. Skoog, F. J. Holler e T.A. Nieman, Principles of Instrumental Analysis, 5th edn., Thomson Brook/cole, 2005, pp. 674-696.
- ✓ K. A. Connors, Liquid Chromatography- A Textbook of Pharmaceutical Analysis, 3rd edn., Willey Interscience, Nova Iorque, 1999, pp. 373-438.
- ✓ A. H. Beckett, J. B. Stenlake, Practical Pharmaceutical Chemistry, 4thedn., Part II, CBS Publications and Distributors, New Delhi, 1997, pp. 1, 275-300.
- ✓ E. Heftman, Chromatography- Fundamentals & applications of Chromatography and Related differential migration methods, 6thedn., Elsevier, Amsterdam, Vol. 69A, 2004, pp. 253-291.
- ✓ E. Stahl, Thin Layer Chromatography: A Laboratory Handbook, 2nd edn, Springer International Edition, pp.1-30.

- ✓ B. Renger, Z. Vegh, K. Ferenczi-Fodor, Validation of thin layer and high performance thin layer chromatographic methods, Journal of Chromatography A, 2011, 1218 2712-2721.
- ✓ K. Ferenczi-Fodor, B. Renger, Z. Vegh, The frustrated reviewer - Recurrent failures in manuscripts describing validation of quantitative TLC/HPTLC procedures for analysis of pharmaceuticals, Journal of Planar Chromatography, 2010, 23, 173-179.
- ✓ B. K. Sharma, Instrumental Method of Chemical Analysis, 21th edn., Goel Publishing Housing, 2002, pp. 3.
- ✓ A. K. Conners, Textbook of Pharmaceutical Analysis, 3rd edn., A Wiley- Intersciences Publication, 1999, pp. 616.
- ✓ A. H. Beckett, J. B. Stenlake, Practical Pharmaceutical Chemistry, 4th edn., Part II, CBS Publications and Distributors: New Delhi, 1997, pp. 275-277.
- ✓ Sethi, PD.2001 Introdução - Cromatografia líquida de alta eficiência, 1st ed^{n}, CBS Publishers, New Delhi, pp.1-28.
- ✓ Scott, PW.2001. Liquid chromatography column theory, John Willey and Sons, Chi Chester, pp. 1-13.
- ✓ Gary, CD.2001 Analytical chemistry, 5th ed^{n}, John Willey And Sons, Inc., pp. 1-3.
- ✓ Synder,LR, Kirkland,JJ. E Glajch, IJ.1997.Practical HPLC method development, 2ndedn, John Wiley & sons, Inc publishers, pp. 21-57, 653-660.
- ✓ Sharma, BK.2002. Instrumental method of chemical analysis, 21st ed^{n}, Goel Publishing House, pp. 9-16.
- ✓ Willwrd, HH, Merritt, JA. E Settle, FA. 1986. Instrumental method for analysis, 7th ed$^{n.}$, CBS Publishers and Distributors, New Dehli, pp. 513-530.
- ✓ Kasture, AV, Wadodkar, SG. E Mahadik, KR.1996. Textbook of Pharmaceutical Analysis - II, 11th ed^{n}, Published By Nirali Prakashan, Pune, pp. 156-165.
- ✓ Akhter, F., Hashim, A., Khan, M.S., Ahmad, S., Iqbal, D., Srivastava, A.K., Siddiqui, M.H., 2013. Propriedade antioxidante, inibitória da α-amilase e protetora de danos oxidativos ao DNA da raiz de Boerhaavia diffusa (Linn.). South African J. Bot. 88, 265-272. https://doi.org/10.1016/j.sajb.2013.06.024
- ✓ Bairwa, K., Srivastava, A., Jachak, S.M., 2014. Análise quantitativa de boeravinonas nas raízes de boerhaavia diffusa por UPLC / PDA. Phytochem. Anal. 25, 415-420. https://doi.org/10.1002/pca.2509
- ✓ Bhope, S.G., Gaikwad, P.S., Kuber, V. V, Patil, M.J., 2013. Método RP-HPLC para a quantificação simultânea de boeravinona E e boeravinona B em extrato de Boerhaavia

diffusa e sua formulação. Nat. Prod. Res. 27, 588-591.

- ✓ Bhope, S.G., Ghosh, V.K., Kuber, V. V., Patil, M.J., 2011. Extração rápida assistida por micro-ondas e método HPTLC-fotodensitométrico para a avaliação da qualidade de Boerhaavia diffusa L. J. AOAC Int. 94, 795-802. https://doi.org/10.1093/jaoac/94.3.795
- ✓ BIHARI Dora, B., Dora, B.B., Gupta, S., Sital, S., Pastore, A., 2015. Punarnava (Boerhavia diffusa): Um medicamento fitoterápico indígena promissor e seu efeito em diferentes condições de doença 21-24.
- ✓ Ferreres, F., Sousa, C., Justin, M., Valentão, P., Andrade, P.B., Llorach, R., Seabra, A.R., Leitão, R.M., Anabela, 2005. Caracterização do Perfil Fenólico de Boerhaavia diffusa L. por HPLC-PAD-MS/MS como Ferramenta de Controlo de Qualidade. Phytochem. Anal. 16, 451-458.
- ✓ Gour, R., 2021. Planta Boerhaavia Diffusa Linn: Uma revisão - uma planta com muitos usos terapêuticos. Int. J. Pharm. Sci. Med. 6, 25-41. https://doi.org/10.47760/ijpsm.2021.v06i04.003
- ✓ Goyal, B.M., Bansal, P., Gupta, V., Kumar, S., Singh, R., Maithani, M., 2010. Potencial farmacológico de Boerhaavia diffusa : Uma visão geral. Int. J. Pharm. Sci. Drug Res. 2, 17-22.
- ✓ Khanpara, P., Vaishnav, I., 2022. Uma revisão completa sobre curandeiros tradicionais-Punarnava. J. Med. Plants Stud. 10, 141–149. https://doi.org/10.22271/plants.2022.v10.i5b.1477
- ✓ Malawska, B., Kulig, K., Bendieck, E., 2003. Comparação de valores determinados cromatograficamente da lipofilicidade de amidas N-substituídas activas anticonvulsivantes do ácido α-arilalquilamina-γ-hidroxibutírico com valores estimados por métodos computacionais. J. Planar Chromatogr. - Mod. TLC 16, 390-395. https://doi.org/10.1556/JPC.16.2003.5.12
- ✓ Ogbole, O.O., Segun, P.A., Adeniji, A.J., 2017. Atividade citotóxica in vitro de plantas medicinais da etnomedicina da Nigéria na linha celular de câncer de rabdomiossarcoma e análise de HPLC de extratos ativos. BMC Complement. Altern. Med. 17, 1-10. https://doi.org/10.1186/s12906-017-2005-8
- ✓ Prathapan, A., Varghese, M. V., Abhilash, S., Salin Raj, P., Mathew, A.K., Nair, A., Nair, R.H., K.G., R., 2017. Extrato etanólico rico em polifenóis de Boerhavia diffusa L. mitiga a hipertrofia cardíaca induzida por angiotensina II e fibrose em ratos. Biomed. Pharmacother. 87, 427-436. https://doi.org/10.1016/j.biopha.2016.12.114
- ✓ Rajpoot, K., Ghasidas, G., Nath, R., Independente, M., Mishra, R.N., 2015. Raízes de

Boerhaavia diffusa (Punarnava mool) - Revisão como Rasayan (Rejuvenescedor / Antienvelhecimento) Rasayan (Rejuvenescedor / Antienvelhecimento) 2, 1451-1460.

- ✓ Sharma, S., Baboota, S., Amin, S., Mir, S.R., 2020. Efeito ameliorativo de uma combinação poliherbal padronizada na nefrotoxicidade induzida por metotrexato no rato. Pharm. Biol. 58, 184-199. https://doi.org/10.1080/13880209.2020.1717549
- ✓ Singh, A., Sharma, H., Singh, R., Pant, P., Srikant, N., Dhiman, K.S., 2017. Identificação e quantificação de boeravinona-B em extrato de planta inteira de Boerhaavia diffusa Linn e em sua formulação poliherbal. J. Nat. Remedies 17, 88-95. https://doi.org/10.18311/jnr/2017/15526
- ✓ Tacchini, M., Spagnoletti, A., Marieschi, M., Caligiani, A., Bruni, R., Efferth, T., Sacchetti, G., Guerrini, A., 2015. Perfil fitoquímico e bioatividade de decocções ayurvédicas tradicionais e macerações hidroalcoólicas de Boerhaavia diffusa L. e Curculigo orchioides Gaertn. Nat. Prod. Res. 29, 2071-2079. https://doi.org/10.1080/14786419.2014.1003299

Printed by Books on Demand GmbH, Norderstedt / Germany